在线影响力
运用行为心理学升华互联网产品

ONLINE
INFLUENCE

Boost your results with proven
behavorial science

[荷] 乔里斯·格罗恩（Joris Groen）
巴斯·沃特斯（Bas Wouters）/ 著

胡晓 / 译

清華大学出版社
北 京

内 容 简 介

本书以线上用户体验为主题，包括 6 章，分别是如何设计行为、如何设计一个吸引人的提示、如何提高人们购买产品的动机、如何提高人们的行动能力、如何设计能影响访问者的选择、如何应用行为心理学。本书运用大量的前沿学术观点、应用场景、实践案例、基础方法论，向企业人员提供前瞻性的视野及工作、管理方面的策略，促使读者们设身处地的融入场景，更高效率解决线上用户运营的相关问题。

本书适合用户体验、交互设计、线上设计运营、电商运营、产品经理等多个领域的从业者阅读学习，也适合企业管理者、创业者以及即将投身于这个领域的爱好者、相关专业的学生作为学习指南来使用。

©2020 Joris Groen and Bas Wouters

北京市版权局著作权合同登记号　图字：01-2023-2923

图书在版编目（CIP）数据

在线影响力：运用行为心理学升华互联网产品 / (荷) 乔里斯·格罗恩 (Joris Groen) , (荷)
巴斯·沃特斯 (Bas Wouters) 著；胡晓译 . —北京：清华大学出版社，2023.4
　　ISBN 978-7-302-63146-0

　　Ⅰ . ①在…　Ⅱ . ①乔…②巴…③胡…　Ⅲ . ①心理学—应用—互联网络—研究
Ⅳ . ① TP393.4

中国国家版本馆 CIP 数据核字 (2023) 第 047759 号

责任编辑：王中英
封面设计：Studio Johan Nijhoff　郭　鹏
责任校对：胡伟民
责任印制：刘海龙

出版发行：清华大学出版社
　　　　　网　　　址：http://www.tup.com.cn，http://www.wqbook.com
　　　　　地　　　址：北京清华大学学研大厦 A 座　　　　　邮　　编：100084
　　　　　社 总 机：010-83470000　　　　　　　　　　　邮　　购：010-62786544
　　　　　投稿与读者服务：010-62776969，c-service@tup.tsinghua.edu.cn
　　　　　质 量 反 馈：010-62772015，zhiliang@tup.tsinghua.edu.cn
印 装 者：天津安泰印刷有限公司
经　　销：全国新华书店
开　　本：170mm×240mm　　　　印　　张：22.25　　　字　　数：390 千字
版　　次：2023 年 6 月第 1 版　　　印　　次：2023 年 6 月第 1 次印刷
定　　价：109.00 元

产品编号：095631-01

关于作者

乔里斯·格罗恩

作为一名心理学家，乔里斯专注于将人文科学转化为数字世界的实用设计指南。他曾担任许多头部机构、公司和品牌的用户体验设计师。

2012 年，乔里斯成立了行为设计领域的国际性运营机构 Buyerminds。通过 Buyerminds，他设计并改进了数百个网站、网店、应用程序、电子邮件和线上营销活动。起点始终是基于行为心理学、研究和数据的科学方法。

除了管理设计团队，乔里斯还在全球范围内培训了数百名学生和专业人士，包括可口可乐、荷兰航空、阿里巴巴和 Bol 等公司的网页设计师、用户体验设计师、线上营销人员和产品负责人。如今，他正为 Booking.com 作设计，并通过 Onlineinfluence.nl 提供在线培训。

巴斯·沃特斯

作为一名年轻的连续创业者，巴斯成功地将说服科学应用于金融领域，并成功地让销售额增长到 500%。他与 Keukenplaats——一家厨房领域颠覆性领先制造商——的线上合作也很成功，年销售额达数百万美元。

在卖掉企业后，巴斯成为了说服心理学家罗伯特·西奥迪尼的学生。自 2017 年以来，他可以自豪地称自己为荷兰唯一的 Cialdini 方法认证培训师（CMCT）。巴斯在全球范围内培训了数百名专业人士，提高他们的线下和线上说服力。他的使命是通过教授人们运用说服和行为科学的原则，帮助人们和公司获得更好的成绩。如今，巴斯通过 onlineinvloed.nl 提供主题演讲、培训和在线课程。

关于译者

胡晓（Jack Hu）

教授级高级工程师

国际体验设计大会（IXDC）主席

广东省善易交互设计研究院 院长

美啊设计平台（MEIA）总经理

兼任中国工业设计协会常务理事、广东省工业设计协会副会长、广东省青年联合会委员、北京光华设计基金会理事、深圳市工业设计协会副会长、广东工业大学艺术与设计学院硕导、广州美术学院工业设计学院客座教授等社会职务。

先后获得广州市高层人才、中国设计业十大杰出青年、大湾区设计力设计领袖奖、奥运会报道先进个人、亚运会贡献奖表彰等荣誉。曾担任广东"省长杯"工业设计大赛、光华龙腾奖、中国创新设计红星奖、中国智造设计大奖、中国用户体验设计大赛、国际交互设计大奖等多个奖项和大赛的专家评委。

专注产品创新、设计创新、设计驱动，推动中国工业设计、交互设计、体验设计、服务设计行业发展及多领域设计融合。为专业设计师职业能力提升、设计团队建设、企业产品创新、体验策略与管理、设计咨询、产业园区发展等提供智库平台与连接服务。

推荐语

要做好一款互联网产品从来都不简单，这本书无疑是你的职业提升之路上的一盏明灯，它将快速系统地教你如何优化产品，如何有效获取用户与流量，如何获得增长。感谢 IXDC 引入此书，并围绕专业打造一个优秀的学习平台。对于任何从事互联网产品的人来说，这本书都不容错过。

——刘轶

京东零售、平台运营与营销中心平台产品部负责人，副总裁

随着人工智能的发展，普通技巧性、重复性的设计活动和工作将被 AI 工具进一步取代，随之而来的将是设计师工作效率的巨大提升，对设计行业的影响深远。为此设计师必须做好准备，利用好新技术、新方法不断提高自己创造性、系统性地解决问题的能力，持续不断地学习并与时俱进。本书的出版将从不同视角为国内的设计师提供一个学习成长的机会，值得推荐。

——杨光（青云）

阿里巴巴副总裁，阿里巴巴设计委员会负责人

你是否和我一样从事互联网工作多年，一心想要打磨出满足客户需求的爆款产品，却无从下手？《在线影响力：运用行为心理学升华互联网产品》这本书恰巧为我们提供了系统而又科学的方法论。从用户的角度入手结合实际场景，大量的真实案例、丰富的实践内容以及前瞻性的视野，为我们的日常工作提供帮助，是一本能帮助互联网从业者及企业管理者拓展专业能力的书。

——朱君

小米集团设计委员会秘书长

　　《在线影响力：运用行为心理学升华互联网产品》是一本非常实用和有趣的书，适合所有想要提高在线沟通能力的设计师阅读。这本书结合新的行为科学研究和丰富的实践经验，向读者展示如何利用影响力和习惯模型来创建更有效的在线体验。在设计项目上，这本书能给你提供很多启发和建议。

——邹惠斌

统信软件技术有限公司设计副总经理

　　本书是一份珍贵的礼物，凝聚了用户行为研究和心理洞察。在 AI 大行其道的今天，我们被人与机器的沟通所吸引，却忽略了背后的动因。随着各种需求不断被具象，传统的产品思维局限性凸显，花在解释上的时间远远多于思考的时间。本书帮助我们多一些思考。

——张酉麟（小火）

好未来集团设计通道主席

　　对用户充分理解并提供优质的设计，是从事用户体验设计工作的核心之一。在这个过程中，心理学可以扮演让人惊喜的角色。本书也许能为你带来一些新的思考和进步。

——尤原庆

美的 AI 创新中心软件产品与设计部部长

　　巴斯·沃特斯和乔里斯·格罗恩的这本新书给了我们一份珍贵的礼物，尤其是想要在网络上变得更有影响力的人。作者提供了有效的行为设计、说服性提示、心理激励、实际应用等当前通用的、基于科学的信息。书中提到的使线上信息更有效的简单原则，给我留下了深刻的印象。任何从事电商的人都不应错过这本书。

　　对本书的评价："一份珍贵的礼物。"

——罗伯特·西奥迪尼（Robert Cialdini）

《纽约时报》畅销书榜《影响力》《说服力》的作者

　　巴斯·沃特斯和乔里斯·格罗恩写了这本独特的书。它之所以独特，是因为他们将罗伯特·西奥迪尼（Robert Cialdini）的影响力研究与 BJ 福格（BJ

Fogg）的习惯研究相结合，教会读者们如何在网络世界中获得更多的用户反馈，这些办法都行之有效。这里的用户反馈包括用户回复电子邮件、吸引更多人登录你的网站、购买你的产品，或者任何你希望用户采取的行动。

如果你像我一样，在阅读时需要频繁地停下来查看电子邮件和网站，思考如何将巴斯和乔里斯所教的知识融入电子邮件和网站，那么阅读这本书可能会花费一些时间。

在网络世界里，不建议自己摸索着尝试你认为最好的事情，也不要仅仅因为别人稍微比你在行就依赖他的建议。了解研究结果，亲眼看看巴斯和乔里斯分享的 A-B 测试数据的差异。

无论如何，如果你想优化线上转化率，这本书是必读之书！

对本书的评价："如果你想提升线上转化率，这本书是必读之书。"

——布莱恩·埃亨（Brian Ahearn）

畅销书作者，著有 Persuasive Selling & Influence PEOPLE 一书

砰！巴斯·沃特斯和乔里斯·格罗恩的《在线影响力：运用行为心理学升华互联网产品》落在了门垫上。这一磅的重量是行为心理学和网络成功学的灵感与启示。这本书还得到了罗伯特·西奥迪尼的推荐！

这是理所应当的，因为《在线影响力：运用行为心理学升华互联网产品》是最佳的说服心理学：它基于科学，清晰易懂，非常实用。BJ 福格的模型为读者提供了清晰的框架，加上本书作者列出的清单，使得模型简单易懂。因此，有了这本书，我有信心我也能够做点什么！同样重要的是，终于又出现了一本沉甸甸的、不失幽默感的设计类图书了！

简而言之：阅读，开怀大笑，加以应用。

对本书的评价："最佳的说服心理学。"

——雷姆科·克拉森（Remco Claassen）（荷兰）

畅销书作家，演讲者，荷兰排名最高的领导力培训师

一本不可思议的书，充满了科学的实践方法，试过一些后发现真的很有效，我不得不说，我对此印象深刻。接下来几个月的时间里，我将尝试我在这本书中学习到的内容。

这本书的内容涵盖之广，让人受益匪浅。我觉得我有必要参加他们的课程，因为这些作者显然是该领域的专家，他们的指导可以帮助我成为一名数字营销的行家。感谢作者提供的素材，它们非常实用。

对本书的评价："这是一本能推动进步的书！"

——大卫·汤姆森（David Thomson）CMCT（英国）

拥有拿破仑·希尔和西奥迪尼方法认证的培训师

对于任何从事数字营销的人来说，这本书都是一本很棒的读物，其中包含了大量的信息和插图，非常实用。

对本书的评价："非常棒！"

——罗杰·杜利（Roger Dooley）

纽约时报畅销书作者，著有 Brainfluence 和 Friction

这本书易于阅读，其中包含了许多实用的例子，以及特定类型数字营销的清单和工作表，非常实用。我们根据书中的建议对一个网站进行了优化，客户的转化率提高了 30%。我们只进行了三次改动就使网站的收入增加了。我非常期待能够再次使用这本书的内容，为更多客户带来成功。

对本书的评价："非常实用！"

——蒂娜·史密斯（Tina Smith）（美国）

Storybrand 网站认证的指导师

书中融合了扎实的行为科学基础和大量实用的例子，非常实用，而且读起来也很有趣。非常值得推荐！

对本书的评价："这本书非常实用，而且读起来也很有趣。"

——本·蒂格拉尔 博士（Dr. Ben Tiggelaar）（荷兰）

畅销书作者、演讲家，在荷兰被引用次数最多的行为科学家

译者序

　　中国互联网飞速发展的这些年，无数产品涌现和消亡，用户行为不断变迁，我们深刻地意识到：互联网产品必须通过自身的不断优化升级与迭代，来满足日益细分化的用户需求。而全球互联的时代，赋予专业的设计师、产品经理、推广运营者以及项目管理者们更大的责任。要打磨出一款好的互联网产品，不再狭隘地依靠屏幕与像素，也并不再只依靠技术的深度，而应该拓展自身知识的宽度与广度，从用户的心理、习惯、认知、行为、环境等更加主观性的角度入手，与用户互相成就。

　　在这样的背景下，我惊喜地发现了《在线影响力：运用行为心理学升华互联网产品》的英文版（*Online-Influence: Boost Your Results with Proven Behavioral Science*），并惊叹于作者对互联网产品的前瞻观点与成熟的实践经验，这无疑能为国内正面临转型挑战的从业者们点亮一盏明灯。在与作者巴斯·沃特斯（Bas Wouters）和乔里斯·格罗恩（Joris Groen）的多次深度沟通交流中，他们对如何升华互联网产品的独到见解以及深耕于用户体验的决心使我折服。格罗恩是莱顿大学的认知心理学专家，同时也是我多年的好友、工作伙伴。有心理学硕士背景的他，结合了 20 多年互联网交互设计的经验，带领着由心理学家、交互设计师、视觉设计师、网络分析师、用户研究院组成的"说服设计团队"为欧洲众多知名企业、国际机构、政府机构提供服务，并明显提升了转化率，取得傲人的成绩。于是我决定翻译此书，让更多中国的从业者们有机会阅读到这本"设计宝典"，学习到这种具有扎实科学基础与丰富实操案例的方法论，从而创造更多的价值，回馈社会。

　　《在线影响力：运用行为心理学升华互联网产品》一书围绕如何通过用户心理学来设计产品、提升产品转化率、引导用户选择、灵活运用心理学这四大点进行阐述。其中涵盖丰富的实践内容，结合大量的真实案例，语言毫不晦涩，带领大家身临其境地探讨客户的线上行为及其背后的心理原因，使从业者从根源上解决获客难、转化难、建立生态难、用户易流失等实际问题，打破从业者与专家之间的藩篱。使读者能更轻松地学习到"在线影响力"这门新颖的学科，并形成自己实用的方法论，为打磨出一款真正的好产品打下坚实的基础。

　　本书的翻译过程中得到了多位老师、好友的支持与帮助。在此特别感谢我的团队张运彬、苏菁对本书编译提供全力支持，以及好友范璐怡对本书提出了很多中肯建议，还有王中英老师为了编译工作付出的辛勤劳动。并且感谢那些在精神上支持我们编译工作的所有伙伴。本书献给所有中国的互联网从业伙伴们！

　　最后，恳请广大读者对本书中存在的问题和不足给以宽厚的谅解，并把问题反馈给我们。

胡晓

2023 年 6 月

目　录

导言

大多数的线上访问者并不会做你想让他们做的事情。

线上影响力

如果你相信一些媒体的宣传，那么你就是线上说服技巧的目标受众。据说人们都被操控着点击横幅广告、做出承诺、订购并不需要的产品。但下面这个例子中的数字却描绘了一幅不同的画面：大多数的网站访问者、应用程序的下载者和电子邮件的接收者根本不会做电商想让他们做的事情。

例如，一家非常好的网店向访问者销售商品，成功概率仅为十分之一。作为一个线上广告商，如果千分之一的人点击了你的横幅广告，你就已经做得非常好了。但，如果这是线下面对面时销售人员的表现，他们的老板可能不会太高兴。

换句话说，在网络世界中，弃单用户的数量比实际消费用户的数量要多得多。这也不足为奇，毕竟，实际消费用户需要接受图像、文本和按钮的"说服"，进而分享个人数据、填写信用卡号码并做出长期承诺。而所有的这一切，并没有实际消费用户认识或信任的"真实"人的任何干预。

改变的世界

如何设计线上环境才能让一切大不相同呢？我们和许多人已经进行了很多成功的实验，这些实验已证明可以让改变发生。本书想与大家分享我们所获得的知识，教你如何使用行为科学改变或影响更多人，以说服他们在网上做你想要他们做的行为。这将带来的变化有：

- 忽略变成响应。
- 浏览变成购买。
- 取消订阅变成持续会员。
- 退出变成继续。
- "嗯？"变成"是"。

这将实现：

- 增加线上收入。
- 降低广告成本。

- 更高的转化率。
- 更多满意的访问者。

满意的访问者

拥有更多"满意的访问者"说明线上说服原则是"可持续的"，这一点很重要。因为有时候在线影响力仍然带有欺骗性质，这被称为"黑暗模式"，例如，误导性的设计模式会让访问者在不想要旅行保险的时候购买旅行保险。

这不是我们要做的事情。

这不仅是道德原因，也因为从长远角度考虑，这并不是获得成功的根本方式。

你可能注意到了，线上说服主要是为了让人们比以前更加热情，但也肯定是为了：

- 帮助人们做出艰难的选择。
- 以最佳方式指导他们与你产生交易。
- 简化通往目标的路径。

这将带来更多的结果，例如线上渠道的评价更高了。

科学与实践

很多书籍，尤其是博客，都写过关于在线影响力的文章，但在我们看来，它们仍然不够实用和完整。它们通常假设一个随机选择的心理学理论或一个普遍的认知偏差（非理性思维模式），然后通常是善意的建议，说明设计师可以做些什么来说服人们上网。

这有点像一个建筑师随机选择了一个物理定律，然后思考如何利用它来设计一个复杂的屋顶结构。这可能并不是最有效的方法。

"一个不懂人类心理学的设计师，并不会比一个不懂物理学的建筑师更成功。"

——乔·里奇

扫码看彩图

在本书中，我们将以不同的方式处理问题。线上客户旅程将作为起点，我们将与你一起走过每一步，告诉你需要什么样的心理学知识，以及如何从中获得最大的收获。你将学习如何使用设计原则，以及应该在何时、何地使用这些原则，巧妙地、原则性地设计广告、首页、表单、付款页，甚至致谢页面。

我们将为你提供一种基于科学并经过实践检验的方法，这种方法已经帮许多公司取得了优异的成绩。在此之前，我们也因为采用了错误的方法而失败。这对你来说是一个好消息，因为你不用再犯同样的错误了。你可以在我们有科学依据、有实践证明、有四十年线上影响力综合经验的基础上立即行动。

B. J. 福格、西奥迪尼和卡尼曼

B. J. 福格（"行为设计"的创始人）的行为模型在探索行为科学方法上发挥了重要作用。虽然有许多模型可以解释行为，但该模型却可以帮助你设计行为。此外，非常感谢说服心理学家罗伯特·西奥迪尼，他将多年来对说服机制的研究归纳为七条强有力的说服原则。正如心理学家、经济学家、诺贝尔奖获得者丹尼尔·卡尼曼（Daniel Kahneman）所说，对于拥有线上影响力的人来说，心理学的另一个重要分支研究的就是人们无意识的、自动的大脑。在这本书中，我们将解释他的理论，并教你如何将其应用于实践中。

为了完成这个行为模型，本书加入了很多我们自己在线上营销实践中得来的见解，这些见解来自许多本地客户和国际客户，如梅赛德斯 - 奔驰、荷兰皇家航空、荷兰最佳零售品牌电商网站（bol.com，荷兰最大的线上零售商，

可与亚马逊媲美）。

　　具备了这些见解，你将能够极大地提高线上影响力，并大大推动业务增长。

巴斯·沃特斯

乔里斯·格罗恩

这本书的受众是谁

　　我们为所有想要影响其（潜在）客户线上行为的专业人士编写了此书。因此，无论你是网站开发人员还是用户体验设计师，是文案策划还是平面设计师，是企业家还是营销人员，又或者是产品经理，如果你想增加线上影响力，你就选对了书。从现在起，本书将称你为"行为设计师"。

第1章
如何设计行为

从今天起，你只需设计行为。

1.1 什么是行为设计

作为本书的作者，如果要让我们为你选择一条值得你在以后的职业生涯中永远记住的规则，我们会毫不犹豫地选择上一页那条规则。

我们也花了一些时间来习惯"设计行为"这个词语组合。通常，你能设计一个广告、一个网站、一个产品，但"设计行为"好像在说你可以让人们做任何你想让他们做的事情。对此，行为设计的创始人 B. J. 福格有一个更好的定义：让人们做他们已经想做的事情。

这时你可能会想，如果人们已经想做某些事情，行为设计师为什么还要说服他们？这恰恰是问题的症结所在：人们想做某件事情并不意味着人们真地要去做。

行为设计师的工作基于以下两个重要的心理事实：

- 人们通常不会在没有被要求的情况下做事。
- 如果事情很难，人们很快就会放弃。

你可以从自己身上观察这一点，但你可能不太喜欢被这样说……毕竟，人们并不以"被动、放弃"这些行为为荣。

行为设计师不会对此做出评判，他们以一种打破不活跃状态的方式建立（线上）环境。首先，行为设计师通过"提示"让目标受众意识到自己想做的行为；其次，行为设计师通过消除障碍让行为变得尽可能的简单，比如删减过于复杂的点击路径或去掉联系人表单中不必要的字段；第三，为了让目标受众愿意克服障碍，行为设计师试图给动机一个暂时的刺激。毕竟，有些行为总是很难做到。

1.1.1 从网页设计到行为设计

当设计一个新网站、一个线上活动或一个登录页时，新手设计师喜欢搜索他人成功的案例，这些最佳实践案例构成了他们设计的基础。而经验丰富的设计师通常从绘制用户画像、分析他们必须执行的"任务"开始，接下来，设计一个方便用户执行任务的网站。良好的用户体验是用户体验设计领域的核心，通常缩写为"UX设计"。

　　如果你想让你的网站获得更好的线上效果，说服人们的理由就不能仅仅是用户友好性。"用户"一词实际上是一个不太恰当的选择，这个词意味着在屏幕的另一边有一个主动的人，他已经决定使用你的网站并与你交易。另外，再来批判性地审视一下"客户旅程"这个词，其中的"客户"是什么意思还有待观察。

　　访问者最终是否成为客户在很大程度上取决于他们所处的环境。通常情况下，他们并不确定他们是否想订购，或者他们并不确定是向你订购还是向你的竞争对手订购。也许，他们会因为怀疑、分心或认为订购过程太复杂而半途退出。这意味着，行为设计师不仅要为潜在客户提供便利，还要一步一步地说服他们——一个行为接着一个行为——走向转化。

　　所以，行为设计师更喜欢用术语"访问者"或"潜在客户"，而不是"用户"，这意味着视角上的改变。作为一名行为设计师，你要从你想看到的行为开始，创造一条充满说服原则的路线来实现这种行为。你要明白，你正在与其他诱惑做斗争，这些诱惑和你一样，也是为了争夺访问者的时间和注意力。

　　这就是为什么行为设计方法不仅仅是现有网站上简单的说服手段①，见图1-1。行为设计是一种完全不同的线上设计观点，这种观点导致了不同的解决方案，而不是简单地复制最佳实践案例或完全依赖用户友好性。

扫码看彩图

图 1-1

---

① 现有网站上往往只给用户提供一些简单的说服手段，但这并不能给用户提供最好的用户体验。——译者注

1.1.2　举个例子

来看一看乔里斯和他的 Buyerminds 公司的团队为荷兰皇家航空公司（以下称荷兰航空）设计的邮件，这是荷兰航空乘客在出发前两周会收到的电子邮件。

期望行为是"微观行为"的集合——收件人打开电子邮件，阅读简介，浏览清单，然后点击与自己相关的部分，比如订购额外的托运行李服务。

正如你在图 1-2 中所看到的，乔里斯的公司在七个地方使用了科学见解来影响人们的行为。成功的是基于这种设计的电子邮件被更频繁地打开，并在网站上产生了更多的点击量。

图 1-2

①利用好奇心。

"清单"是一个可以引起好奇心的词语。最初的邮件上写着："做好旅行准备。"这就少了阅读的动力。

②减少预期的工作量。

预计必须投入的工作量在一定程度上决定了人们是否想开始做某件事。指出阅读清单只需花费一分钟时间，这就可以鼓励更多的人阅读它。

③创造预期的热情。

展示从飞机上看到纽约天际线的图片可以让读者对他们刚刚预订的旅程产生期待。预测未来的奖励有助于人们进入积极的状态。

④减少脑力劳动。

促进行为会增加人们实际执行的机会。邮件的布局可以最大限度地减少脑力劳动，例如，将航班号和起飞时间等重要信息与清单分开，能让读者更容易找到这些信息（或更容易忽略它）。这种清晰的视觉层次结构使人们能够一目了然地了解清单的结构。

⑤给出一个理由。

当你给某个行为一个明确的理由时，这个行为发生的概率就会增加。在这份航班清单中，节省时间和金钱就是升级行李和线上办理值机的很好的理由。

⑥只要求一个小承诺。

小步走比大步走更容易。为了引起读者的兴趣，建议让访问者只做出一个小承诺（例如"查看升级费用"），而不是一个大承诺（例如"立即购买"）。

⑦提供社会认同。

如果被要求做某些特定行为，人们会下意识地观察其他人是否也在做这些行为。这种现象被称为"社会认同"。这就是为什么要告诉人们办理线上值机是一个相当正常的行为。

1.1.3　最好的职业

行为设计的力量在于做事稳妥、万无一失。期望行为是一切的核心，如果你不这样做，你的设计可能就会适得其反，因为它会使事情变得更加困难；但如果你从今天开始，从这个态度出发，你将成为一位非常有价值的网站开发者、用户体验设计师、文案策划、平面设计师、企业家、营销人员、产品经理，或者任何你在说服线上目标受众时可能扮演的角色。在我们看来，这是有史以来最好的工作。

转化率

这本书经常出现"转化率"一词。如果你是一名专业的线上工作人员，那么你肯定知道这个词的含义；但如果你是新手，就有必要向你解释一下。转化率是衡量网络世界中说服力的指标：做出期望行为的访问者数量除以总访问者数量，以百分比表示。

$$转化率 = \frac{做出期望行为的访问者数量}{总访问者数量} \times 100\%$$

假设一家网店中，每 100 名访问者中有 5 名留下评论，则转化率为 5%；网站被重新设计后，每 100 名访问者中有 10 名留下评论，则转化率为 10%。换句话说，转化率翻了一番。从表面上看，你似乎只调整了标题、图片和按钮，但重新设计后，你最先改变的是访问者的行为，最后才推动了线上业务的增长。

B=MAP

1.2 福格行为模型

为了更好地设计行为,行为设计师们有必要来认识一下 B. J. 福格。2009 年,**这位美国行为科学家提出了一个模型,该模型可以让行为设计师用一种结构化的方式来检验行为和改变行为。它有着无与伦比的适用性,对行为设计师来说,它价值千金。**

B. J. 福格是美国斯坦福大学的教授,他研究的是人类的行为以及如何改变人类行为。他有一些名人学生,例如 Instagram 的联合创始人迈克·克里格(Mike Krieger)、人文技术中心(CHT)的创始人特里斯坦·哈里斯(Tristan Harris),人文技术中心致力于减少人们对社交媒体的沉迷。除了教学之外,B. J. 福格还建议将行为心理学应用到商界中来。

重要的是,他已经研究出了一个以他的名字命名的模型——福格行为模型。该模型使他成为"行为设计"这一学科的发明人。福格行为模型建立在一个基本点上,即人们并不会自发地表现出某些行为。根据 B. J. 福格的说法,要做出某种行为必须满足三个条件:

- 有开始行为的提示。
- 提示时,动机必须足够高。
- 提示时,要求访问者做出的行为必须足够简单。

1.2.1 提示、动机、能力,三位一体

从放大提示开始。究竟什么是提示?提示是要求或提醒人们现在该做某些事了。比如,闹钟的声音是为了让你在早晨醒来,智能手机屏幕上显示的推送通知是为了邀请你打开一个应用程序。根据 B. J. 福格的说法,大多数行为都是由外部触发的。

如果你很熟悉 B. J. 福格的行为模型,应该知道 B. J. 福格最初使用的术语是"触发器"。然而事实证明这个术语有太多的含义。这个术语现在被称为"提示",我们也这么称呼它。第 2 章将对此进行详细说明,但现在请记住,几乎所有行为都是从提示开始的。

福格行为模型认为只有在有足够的动机和能力的情况下，提示才能引发实际行为。本书还将在第 3 章和第 4 章中详细讨论这些概念。现在，你只需要知道动机是关于一个人有多想要某样东西，而能力是关于行为的难易程度就足够了。

B. J. 福格认为在没有足够的动机和能力时，即使加上提示也不会发生任何行为。如果系统地研究这三个因素，你的线上设计将比寻找"好的首页模板"或"十大最佳评分广告"取得的进步会更大。

如图 1-3 所示，动机、能力和提示是至关重要的三位一体。纵轴表示动机，横轴表示能力。如果两者都足够高且高于行动线，那么当看到提示时，行为就会发生；如果动机和能力不够高，并低于行动线，提示并不能引发期望行为。

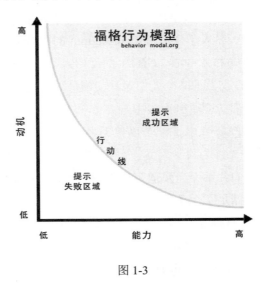

图 1-3

B=MAP

若想触发行为（Behavior），一个人必须有足够的动机（Motivation），而且行为必须足够简单（Ability）。现在是时候介绍提示（Prompt）了。

1.2.2　提示、动机、能力是相互作用的

如上所述，提示时要有足够的动机和能力，但这并不意味着在提示时动机和能力都必须非常高，它们三者是相互作用的。图 1-4 的左上角区域，如果动机非常强，那么这种行为有多困难都不重要，因为你已经做好克服所有障碍的准备了，无论这个行为多么复杂、多么昂贵或多么困难，你都要做到。

再举一个例子，如果你想买一张你最喜欢的明星的音乐会门票，通常，这些门票很快就会售罄，即使这样，你还是会很高兴地在笔记本电脑前坐上一个小时，不断刷新浏览器，希望有机会能买到一张票。在这种情况下，你的高动机就补偿了有限的能力。

当然，反过来也是正确的。如果动机很低，仍然可以通过大幅度提高能力来说服人们做某件事情，详见图 1-4 的右下角。例如，你正走在购物区，身边有一个友好的学生想给你一张宣传单，即使你已经有了这张宣传单，你对这张宣传单的内容也不感兴趣，有时你仍然会接受它。为什么呢？因为接受比拒绝要容易得多。这种能力是相当强的。

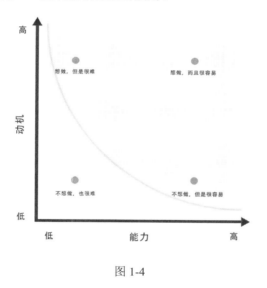

图 1-4

如果一个因素特别强，而另一个因素不那么强，那么很强的这个因素就可以补偿另一个较弱的因素。行为设计就是这些因素的相互作用。

值得注意的是，在福格行为模型的三个因素中，动机是最难影响的。换句话说，最好是在人们已经有动机的情况下再去尝试改变他们的行为。因此，第 3 章讲述的主要是去增强动机的影响力，而不是去影响没有动机的人。作为行为设计师，你可以设计提示并简化行为。

1.2.3　本书的基础模型

福格行为模型是行为设计的理想指南，这就是我们用它来设计这本书的原因。根据模型的三个因素，本书涵盖了 37 条设计原则，可分为如下三类：

- 使提示更有效的原则。
- 增强动机的原则。
- 提高能力的原则。

当你想知道如何刺激某个行为以实现更多的转化时，作为一名行为设计师，你需要系统地思考上面这三个因素。这同样适用于 WhatsApp 的思维实验（见下面的实验）。

通过进行研究或逻辑思考，你可以大致估计出它的问题所在，动机、能力或清晰的提示，是两个因素还是三个因素。你可以查验哪些因素可以更快速、更容易改进。提示一下，这里改进的因素通常是指提示或能力，因为动机是最难影响的。

思维实验：用 WhatsApp 和你的伴侣聊天

通过这个思维实验能更好地理解福格行为模型。

想象一下，你通过 WhatsApp 邀请你的伴侣外出吃晚餐。你看到了熟悉的蓝色已读标志（√）出现，说明你发送的信息已被阅读。可是半个小时后，你仍旧没有收到伴侣的反馈信息，此时你的期望行为是你的伴侣回复你的信息。

想一想可能发生了什么，不要胡乱猜测，应该通过应用福格行为模型来寻找答案。

- 缺少提示？
- 缺乏能力（行为太难）？
- 缺乏动机？

在我们的研讨会和讲座中，每当问起这个问题，大家都认为上述情况是因为缺少动机。显然，当期望行为没有发生时，人们更倾向于怀疑动机。然而，作为一名行为设计师，你必须放弃这种假设。也许这个问题当时很难回答，或者你的伴侣根本就没有读到这条信息，毕竟，如果是因要执行其他操作而打开屏幕，蓝色的已读标记也会出现。

简而言之，有三种可能可以解释为什么期望行为（回复信息）没有发生，分别是缺乏提示、缺乏能力、缺乏动机。如果你在网站上、线上活动中或横幅广告上意识到了这一点，你就已经朝着成功的行为设计迈出了一大步。

人们 95% 的选择都是受潜意识大脑的影响。

1.3　丹尼尔·卡尼曼的两个系统

2002 年，行为心理学家丹尼尔·卡尼曼（Daniel Kahneman）获得诺贝尔经济学奖。他在心理学和经济学交叉领域进行的研究给了人们一种新的方式去看待行为。**他认为人们的行为远没有人们一直认为的那么理性，而且现在依然如此。**

众所周知，人们有两种思维方式——快速思维和慢速思维，心理学有时将它们称为"系统 1"和"系统 2"。

（1）系统 1：人们潜意识的思维大脑。

这是一种快速的、自动无意识的、直观的思维方式，人们几乎不需要付出精力就可以做到。

（2）系统 2：人们有意识的思维大脑。

这是一种缓慢的、深思熟虑的、理性的思维方式，为此人们需要付出很多精力。

各种研究表明，人们高达 95% 的行为、判断和选择都是由系统 1 下意识进行处理的。这是一件好事，看看下面卡尼曼作品中的例子。

典型的系统 1 行为，按复杂性从低到高排序：

- 对恐怖画面表现出厌恶。
- 求 2+2= ？
- 阅读广告牌上的文字。
- 在空旷的道路上驾驶汽车。
- 理解简单的句子。

这些都是人们下意识完成的简单行为。人们每天都要做出成百上千个决定，如果让人们缓慢的系统 2 有意识地做出那么多选择，过不了多久人们就会发疯。事实上，人们根本无法应付，也没有足够的时间和精力去应付。

但幸运的是，人们还有系统 1，它为人们处理了 95% 的决定。于是，系统 2 就有了足够的时间和精力去处理真正需要人们关注的事情。

典型的系统 2 行为，按复杂性从低到高排序：

- 为比赛做准备。
- 寻找一位灰白头发的女人。
- 在特定社会环境中评估你的行为是否恰当。
- 在狭小的停车位停车。
- 判断复杂推理的准确性。

如你所见，人们只能有意识地去执行这些行为。

作为一名行为设计师，你必须了解两个系统之间的相互作用。系统 1 决定提示是否重要到足以响应它。此外，正如卡尼曼发现的那样，系统 1 经常使用捷径或认知偏差，即它基于快速假设做出决定。举几个例子：

- 如果某件东西很贵，那么它就比便宜的东西要好。
- 如果某件东西很受欢迎，那么它总比不受欢迎的东西要好。
- 如果中间的选项比两端的选项更好，那么选它就比选其他选项更安全。
- 当某件事快完成时，且完成它对其他事情是有价值的，那么你就要立刻行动起来。
- 如果你因某件事获得即时奖励，那么这件事就很有趣。

当然，这些并不总是正确，但通常都是正确的。所以，系统 1 常基于这些认知偏差做出快捷选择。

首先是系统1，其次是系统2

卡尼曼强调，除非人们睡着了，否则系统 1 和系统 2 总是处于活跃状态。当系统 1 自动运行时，系统 2 处于等待被系统 1 激发的状态。系统 1 生成印象、想法、意向和感觉，只有最引人注目的部分才会被转移到系统 2 进行进一步检查。这就是捷径的作用所在：当评估线上环境时，系统 1 的捷径会立即影响访问者的感受和意见。

如果你是一名行为设计师，并且使用了福格行为模型，那么你必须考虑到这一点。接下来将逐一介绍这三个因素。

1. 系统 1 和提示

系统 1 处理了大量的信息。正因如此，在系统 1 中，最好用与其水平相似的提示——给 7 岁孩子的提示（见下一页）。如果你的提示是恰当的，那么提示就会产生足够的阻滞力以影响系统 1，让系统 1 将这一信息转移给系统 2。

2. 系统 1 与动机

系统 1 掌控一切，这就是行为设计师要努力的方向。因此，如果你了解了哪些捷径可以启动系统 1，你就可以增强潜在客户的动机。

3. 系统 1 和能力

让行为变得更容易可以通过系统 1 执行的微观决策和行动来完成。如果人们让自动、无意识的大脑来完成这项工作，这就不像是脑力劳动了。

是爬行动物还是 7 岁的孩子？

如果你以前研究过这个领域，你可能知道系统 1 也被称为"爬行动物大脑"，但是，正如你刚才在前文中看到的那样，计数和读取也属于系统 1 操作。这就是我们认为"爬行动物大脑"这个词语不合适的原因。在设计系统 1 时，最好将其当作一个 7 岁的孩子，它可以解决基本的数学问题和阅读简单的句子，但还不能进行逻辑推理（如图 1-5 所示）。

扫码看彩图

图 1-5

互惠
承诺与一致性
社会认同
喜欢
权威性
稀缺性
团结一致

1.4　罗伯特·西奥迪尼的说服原则

B. J. 福格提供了一个可以用结构化的方式处理行为影响的模型，那么西奥迪尼的说服原则呢？它们不是说服的基础吗？人们经常问到这个问题。**我们已经在福格行为模型中给西奥迪尼原则留了一个位置。**

美国心理学和市场营销教授罗伯特·西奥迪尼（Robert Cialdini）是说服力领域的重量级人物，也是该领域被引用最多的科学家。多年来他一直在研究说服原则，并使其透明化，而且这些原则已经被成功地应用了。

他通过查阅文献和临床研究，通过在汽车经销商、上门推销员和广告商中做"卧底"来做到这一点。基于这些研究，他总结出人们可以用来影响他人的七项说服原则。他在全球已售出 400 万册的《影响力》一书中描述了其中的六项，后来，他又提出了第七项原则。

西奥迪尼和福格

本书将在第 3 章介绍最适合在线上使用的原则，这是西奥迪尼原则在福格行为模型中发挥最大作用的部分。

如果你从未听说过西奥迪尼，或者没读过他的书，别担心，下面为你列出了他的说服原则清单。

西奥迪尼的七项原则

（1）互惠

人们在收到礼物后会觉得有义务回馈对方一些东西。所以，在邀请访问者做你所期望行为之前，赠予他们一些小礼物是明智的。

（2）承诺与一致性

人们喜欢与之前的承诺保持一致。所以，用小步骤来引导访问者一步一步做出行动，最后达到你所期望的结果，这样做是明智的（详见 3.6 节）。

（3）社会认同

在怀疑和选择过多的情况下，人们希望自己被周围的人引导。所以，显示其他人也做了你所期望的行为是明智的（详见 3.4 节）。

（4）喜欢

人们更有可能对自己喜欢的人说"是"。所以，给访问者一个喜欢你的理由是明智的，例如通过赞美和强调相似之处。

（5）权威性

人们信任比自己拥有更多知识和专业技能的人。所以，向访问者展示你的知识和技能是明智的（详见 3.5 节）。

（6）稀缺性

当物品有限或暂时可用时，人们会更加重视它的价值。所以，通过强调稀缺性（无论是数量还是时间）来增加吸引力是明智的（详见 3.7 节）。

（7）团结一致

人们更可能信任与自己属于同一群体的人。所以，创造一种归属感，或者利用他人营造的归属感是明智的。

说服不等于误导。

1.5　行为设计是否合乎道德

现在该来聊一聊大家都避而不谈的问题了。每个人都会问或都应该问自己一个问题：应用行为设计是否合乎道德？你可能听说过一些网站操纵或完全误导访问者的例子，你是否也会这样做？

说服和误导之间的界限并不容易区分。一些人认为具有误导性的行为，对其他人来说确实可能是健康的商业行为，比如在黑色星期五前一周提高价格。此外，还需要考虑不同国家、地区的文化特点、价值观和法律。

1.5.1　是否合乎道德的测试

一个被普遍接受的测试可以检测行为是否合乎道德。西奥迪尼列出了必须满足的三个道德标准：真实、真诚和明智。为此，他提出了以下实际问题：

1. 我说的是实话吗？

我是否向客户提供了正确的信息？我会把这些信息告诉我的母亲或我的好朋友吗？如果我说只剩三个位置，是真的只剩三个位置了吗？

2. 我是否真诚地提出了我的请求？

我不会像美国那家著名超市那样讲废话！这家超市在一块板子上用大号字体印着"销售"两个字，用很小的字写着"原价 0.69 美元"，用很大的字写着"现价 0.69 美元"。销售量一直在增长，直到客户意识到他们被愚弄了。

3. 我提出的请求是否明智？

如果客户现在同意我的请求，他们将来还会和我交易吗？

如果你能肯定地回答这三个问题，你就迈出了通往双赢的第一步。

1.5.2　合乎道德的信息形式

是否合乎道德不仅与你的信息内容有关，也与信息的形式有关。在这里，你也可以问自己几个问题：

1. 我没有使用不同于实际意图的形状或图案吧？

一个视频播放按钮打开的应该是一个视频，而不应跳转到其他网站。一个 App 标识符号提醒有一条新消息，而不只是为了吸引注意（图 1-6 所示是不推荐的做法）。

👎 不能这么做

图 1-6

2. 我没有故意制造混乱吧？

勾选意味着你在选择某样东西，而不是意味着你在拒绝某样东西（图 1-7 所示是一个例子）。

👎 不能这么做

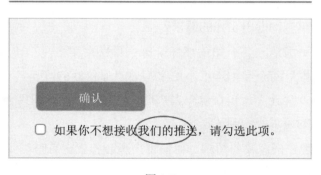

图 1-7

3. 我没有隐瞒重要的信息吧？

有效信息不应被做得太小，否则人们可能找不到它或不阅读它（图 1-8 中圈出来的文字太小了）。

不能这么做

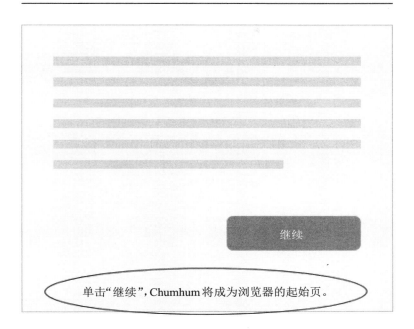

图 1-8

　　如果你仍然可以肯定地回答这些问题，你就在正确使用你的设计，并且不会失去访问者的信任。

第 2 章
如何设计一个吸引人的提示

2.1 什么是提示

几乎所有的行为都始于一个提示，包括线上行为。本章将详细讨论什么是提示，以及行为设计师如何设计有效的提示。

第 1 章已提到过提示的简短定义：

提示是要求或提醒人们现在该做某件事了。

例如，闹钟的声音和智能手机屏幕上的推送通知，两者都是行为邀请——例如醒来、打开 App。

对于线上设计，你可以考虑以下例子：

- 鼓励你打开新闻文章的推送通知。
- 鼓励你打开 App 的符号。
- 鼓励你阅读这篇文章内容的话语。
- 鼓励你将所选产品放入购物车的"添加到购物车"按钮。
- 登记表第一栏中鼓励你开始填写表单的闪烁光标。

如果你从这个角度来看线上环境，你会发现所有的线上行为都是从一个提示开始的。强化提示原则可以让更多的访问者做出期望行为，提高转化率。

2.1.1 提示往往不独立存在

提示通常不是独立存在的，而是会随着其他提示一起出现。行为设计师最终想要实现的行为主要由一系列微观行为组成。每个微观行为都是由它的提示触发的，如表 2-1 所示，它将"注册"行为分解为好几个微观行为，每个微观行为都有其提示。

表 2-1

微观行为	鼓励此行为的提示
访问首页	网站上带有"立即注册"和"点击这里"按钮的广告
阅读文本	文本上方的标题
向下滚动	文本还没有结束，在你的视野之外依然还有未展示的文本

续表

微观行为	鼓励此行为的提示
开始注册	首页上的"注册"按钮
输入你的电子邮件地址	提示"输入你的电子邮件地址"和下面带有闪烁光标的空白字段
发送登记表	表单底部的"发送"按钮

根据本章的原则，你可以为每个微观行为设计一个有效的提示，逐步增加成功的机会。

2.1.2　利于提示的原则

第一个提示通常是最难的，理解这一点很重要。毕竟，这是一个吸引人们远离他们正在做的事情的提示。要实现这一点，你需要的不仅仅是一个干巴巴的行动要求。本节将介绍四种适用于这一目的的提示原则：

- 好奇心——让人们格外好奇。
- 额外利益——让人们变得更加贪婪。
- 简单问题——开始一段愉快的对话。
- 未完成的旅程——建立在人们已经在执行的任务基础上。

再加上提示，这些原则提供了相当大的动力。顺便说一句，这里提到了四种"原则"，但你必须选择你将要使用的提示原则。

2.1.3　提示性信息VS说服性信息

关于提示性信息，这里还需要解释一下。例如，在实践中，出于营销或广告目的，提示性信息和说服性信息的区别并不是很明确。它们通常都包含文本，但提示性信息与说服性信息的目的并不相同。

- 提示性信息的目的是立即触发行为。
- 说服性信息的目的是让人们了解某个想法或事情。

表 2-2 是说服性信息和提示性信息之间的一些区别。

表 2-2

说服性信息	提示性信息
想要改变你的态度。换句话说，你是如何看待某件事的	意在立即触发行为
打算经常或长时间地思考这件事： • 双重含义 • 玩文字游戏 • 注意力广度 • 创意 • 幽默	希望被快速理解： • 几句话 • 简单的词语 • 明确 • 可识别性
希望被记住： • 押尾韵 • 押头韵 • 重复	旨在吸引你，让你离开你正在做的事情： • 好奇心 • 额外利益 • 简单问题 • 未完成的旅程

    说服性信息不一定需要立即执行（详见表 2-2 左栏）。毕竟，说服性信息的目的是延长人们的思考时间，以便让人们记住信息。以电视上的商业广告为例，它们纯粹是为了把公司名称、品牌或产品"上传"到人们的大脑。通过原创的方式传递信息，例如，在信息中使用双重含义的文字或玩文字游戏，这样说服性信息接收者思考的时间会长一点。如果你的说服性信息使用押韵或重复，你就能增加人们记住说服性信息的机会。

    提示性信息并不是这样（详见表 2-2 右栏），它的目的只是触发行为。这就是为什么我们要求提示性信息必须可以被立即理解的原因，可识别性有助于做到这一点，但要注意，原创可能适得其反，尤其是当文本不容易被理解时。因为接受者并不需要记住这些提示性信息。

    本书的其他章节将不再讨论那些希望通过大众媒体给目标用户灌输信息的说服性信息。毕竟，这是不同的专业领域。

2.1.4   你将学到什么

    言归正传，本章将详细介绍提示性信息，从如何吸引注意力和消除竞争性提示开始。然后，告诉你如何改善功能的可见性。也就是说，当看到一个提示性信息时，如何让访问者清楚地知道他们能用这个提示性信息做些什么。接下来将讨论这样一个想法，即如果你使用动词直接告诉访问者他们应该做什么，你可以期待一个更好的结果。最后，再教你如何使用四种提示原则吸引访问者，并使访问者停止他们正在做的事情。

（1）**引起访问者的注意**

用移动的东西、显眼的东西、一个人、一个动物或一个情绪来吸引注意力。

（2）**竞争性提示**

限制提示的数量，最好是一个，或者突出最重要的提示。

（3）**功能的可见性**

让访问者立即明白这个提示是可点击的（或可滚动的，或可滑动的）。

（4）**直接说出你的期望行为**

使用祈使句，直接说出你的期望行为。

（5）**好奇心**

通过让访问者感到好奇来说服他们点击。

（6）**额外利益**

用一个看起来难以置信的报价来说服访问者。

（7）**简单问题**

向访问者提出一个易于理解且容易回答的问题。

（8）**未完成的旅程**

将期望行为作为下一步的逻辑框架。

如果提示没有被看到，那就意味着"游戏结束"。

2.2 引起访问者的注意

提示只有在接收者看到的情况下才是提示，如果接收者看不到提示，那么期望行为将不会发生。也就是说，你的提示应该先引起人们的注意。

设计提示最大的挑战就是常常有多个提示同时在争夺访问者的注意力，但作为行为设计师，在阅读完本节后，你将可以根据心理学知识掌握一些巧妙的技巧。本节将为你一一介绍它们，从运动开始，因为运动是一种最厉害的吸引注意力神器。

2.2.1 用运动吸引注意力

1. 运动开端

从静态到动态的转变更容易成为人们关注的焦点，这种对运动起始时刻的敏感性是一种根深蒂固的生存机制。如图 2-1 所示，试着将最重要的行动按钮从"静止"状态变为"抖动"状态。

图 2-1

2. 缩放运动

一个变大的物体可能具有威胁性，这能马上引起人们的注意。例如，试着放大横幅，或者尝试让按钮或图像慢慢变大，如图 2-2 所示。

图 2-2

3. 运动的错觉

运动的错觉也比静止的画面更有吸引力，知道这一点就好办了，因为有时候你不能在线上环境中使用移动效果，例如，受品牌指南的限制或技术太复杂。这种情况可以使用一个显示运动的图像，比如一个跑步姿势的人，一块落下一半的石头，一辆表明汽车正在全速行驶、车后有三条卡通线条的汽车，如图 2-3 所示。

图 2-3

2.2.2 用突出的东西吸引注意力

1. 显眼的形状和颜色

显眼的东西是潜在的威胁或潜在的食物，这是一条古老的丛林法则。心理学上的显著性原理就是基于此。按钮、广告或其他线上提示越偏离其视觉环境，就越有吸引力。例如，将按钮的颜色设计得与背景颜色形成对比，通常会带来更多的点击量。如果你正在设计一个横幅，可尝试使用倾斜的框架或圆形框架，因为其他大多数横幅都是矩形框架，如图 2-4 所示。

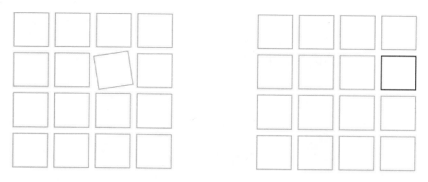

图 2-4

App 标记符号的大小、形状和颜色与 App 图标都不同，两者只是部分重叠，这样就能让人意识到两者是分开的，从而引起人们的注意，如图 2-5 所示。

图 2-5

2.“奇异”信息

"奇异"信息也是一种偏离，在心理学中，这被称为"奇异效应"。例如，使用完全不适合公司或产品的（积极的）词语或图像；或一些荒谬的事情，比如"没有人给他们的孩子起名叫大丹狗史酷比"。请注意，这需要创造力、勇气，以及突破界限的良好感觉。只有在接收人知道发件人是谁的情况下，它才会起作用，否则，你就有可能给人留下不靠谱的印象。图 2-6 这个例子来自奥巴马的竞选活动。

奇异效应
美国总统对你说"嘿"！

电子邮件　　　　　　　　更改

　收件箱

★ 安东·菲尔丁　　　　　12:57
　你知道的，那些录音带，你……

★ 巴拉克·奥巴马　　　　09:41
　嘿
　巴斯，这次我需要你支持我……

★ 温迪·琼斯　　　　　　08:37
　嗨，巴斯，你看到最新研究了吗？

图 2-6

2.2.3　用人或动物吸引注意

1. 人和动物

人的形状、动物、眼睛、面孔、剪影——它们很容易引起人们的警惕。当发生这种情况时，系统 1 就会对系统 2 说：现在你要注意了，这次可能需要战斗、逃跑、进食或抓奸。因此，在产品照片上展示人和动物的形象是一个很好的吸引注意力的办法，请看图 2-7。

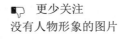 👍 更多关注
有人物形象的图片

👎 更少关注
没有人物形象的图片

图 2-7

2. 强烈的情绪

从进化的角度来看，强烈的情绪是很重要的。当你看到一个人非常快乐或因恐惧而尖叫时，你就知道有什么特别的事情发生了。如果想引起注意，就可以使用这个原则，例如使用带有强烈情绪的图像。通过对数百万个成功广告和标题进行分析，我们发现与中性词相比，与情绪相关的词语具有更高的点击率。此外，无论是图像还是文本，消极情绪比积极情绪更有吸引力，见图 2-8。但对于消极情绪，一定要仔细考虑它们是否适合你的品牌和信息。

👍 更多关注
有强烈的情绪

👎 更少关注
没有强烈的情绪

图 2-8

小贴士：可以使用强烈的、消极的情绪来吸引注意力，但要注意，当访问者被吸引后，你就要谨慎地使用它们了。因为友好愉快的气氛更容易说服人们。

表 2-3 中列举了 2017 年 Facebook 产生最多互动量的短语或组合。

表 2-3

相对而言，2017 年 Facebook 产生最多互动量（喜欢、分享、评论）的短语或组合
· 幸福的眼泪
· 让你哭泣
· 让你起鸡皮疙瘩
· 太可爱了
· 震惊于
· 融化你的心
· 笑得停不下来

当然，你不需要同时应用这些吸引眼球的原则，使用一两个原则通常就足够了。思考一下哪个原则最适合你的品牌，哪个原则最适合访问者被吸引后的客户旅程。

　用移动的东西、显眼的东西、人、动物或强烈的情绪吸引注意力。

2.2.4　你应该记住什么

- 如果提示没有被看到，那就意味着"游戏结束"。
- 因此，提示只有在足够有吸引力时才起作用。

2.2.5　你能做什么

- 用移动的东西、显眼的东西、人、动物或强烈的情绪吸引注意力。
- 尝试先使用运动，因为这是最能吸引注意力的方法。

人们一次只能专注于一件事，只能做一种行为。

2.3　竞争性提示

你要去参加一个聚会，刚进门，就有 50 个人走过来找你聊天，想引起你的注意。这时你会怎么做？你可能会尖叫着躲开。你可能会认为这种情况太极端了，但在网上，这种事情经常发生（如图 2-9 所示）。[①]

扫码看彩图

图 2-9

许多首页和登录页都充满了提示，这些提示都在邀请人们点击。"查看优惠""了解更多""登录""无须等待""查看最新消息""别忘了下载App！""请确保您订阅了我们的资讯邮件""我们可以给您发送信息吗？""快速向下滚动，下面还有很多内容。"

这对人们的大脑来说是一项艰巨的任务，人们必须忽略这些相互竞争的提示，专注于真正想要的东西。从行为设计角度来看，提示太多就没有任何

---

① 在线上，有很多内容都想争夺你的注意。——译者注

意义了，还很有可能因此失去访问者，或者他们根本不会做你想让他们做的事。

2.3.1　避免竞争性提示

专注于一件事，一次只能表现出一种（好的）行为。这意味着，如果你想改变一个人的行为，你必须让他全神贯注。在大都具有多个提示的大环境下，这意味着你需要消除竞争性提示并设计一个吸引人的提示，这会使你得到你想要的行为。记住，只提供一个吸引人的提示。

在自己的线上环境中，你可以很好地把握这一点。例如，在你的网站上，你可以为每个页面设定一个你想从访问者那里获得的行为，设计一个明确的行动要求，吸引人们的注意力，促使他们做出这种行为。

可能有一些访问者想要的东西和你提供的并不一致，例如访问者想查看的内容链接被你隐藏在了下拉菜单中（你想减少访问者对它们的关注）。如果访问者想要一些特别信息，比如找营业时间，即使首页上没有显示也没有关系，你可以通过提供良好的导航和适当的搜索功能来帮助这个访问者。

那么，为什么行为设计师喜欢在页面中放这么多提示呢？通常的解释是他们想让网站更好地服务每一个人，毕竟人们想做的事情不一样，访问网站的目标也不一样。解决这个问题的唯一方法是，将网站之外的人引导进入一个特殊的登录页，在那里你可以为每种行为设计一条单一的路线。

2.3.2　主页争夺战

对大型网站来说，设计主页尤其麻烦。每个团队都希望把自己的产品或服务放在这个"购物窗口"的聚光灯下。但你该怎么做？空间毕竟是有限的。

一个臭名昭著的解决方案是"自动刷新"案例。即每隔几秒钟就将主页上的内容更新一次，似乎这样就可以创造额外的空间。但从行为设计师的角度来看，这完全是一个错误行为。要知道，访问者并不会有像看电视那样的耐心去看完你的主页。A/B 测试表明，在大多数情况下，自动刷新降低了转化率。作为一个行为设计师，你应该能想到原因，一次性或连续性的提示越多，就越难达到目标，如图 2-10 所示。然后，系统 2 就完全控制了局面，这就意味着将某人引向某个方向的机会几乎丧失殆尽了。

图 2-10

　　当然，只显示一个提示或将主页全部归自己所用，也不现实。如图 2-11 所示，你可以用一个主提示来促成一种行为，并将其余的提示放在菜单或清单中，这是一个好方法。这样就可以将访问者引入正确的页面，在那里你可以实施另一个提示原则。

　　　限制提示的数量，最好是一个，或者突出最重要的提示。

2.3.3　你应该记住什么

- 一次只专注于一件事。
- 一次只做一种行为。
- 如果竞争性提示太多，人们就会"宕机"而无所事事。

👍 这么做
选择一个主提示，并弱化
其他提示。

图 2-11

2.3.4　你能做什么

- 限制提示的数量，最好是一个。
- 如果必须提供多个提示，请突出最重要的提示。

一个好的设计可以让人们下意识地、
快速地了解他们能做什么。

2.4　功能可见性

如图 2-12 所示，你之前从未去过这个房间，你走到门边想进去时，你不知道眼前这扇门是该推还是该拉。这不是你的问题，是这扇门的设计者的失误。他没有考虑到功能可见性原则。

👍 良好的功能可见性
门的设计传达了你需要推还是拉。

👎 不好的功能可见性
看上去要拉才能进去，但门上写着"推"。

图 2-12

一个门把手、一个学校门铃、一个棒球、一个播放按钮、一个发送按钮，当你遇到它们时，你能立刻知道该如何使用它们，即使以前从未见过它们。以畅销书《设计心理学》而闻名的美国心理学家唐纳德·诺曼（Donald Norman）将这称为"功能可见性"。我们对这个术语定义如下：

功能可见性是指一个物品的功能在多大程度上能从物品本身的形式和特质上表现出来。

诺曼举了一把椅子的例子。四条腿、平坦的表面、符合人体工程学的靠背、各部分之间的平衡，可能还有和桌子间的距离——这些东西加在一起，它们几乎是乞求着你坐下来。人们的无意识大脑会自动快速地传达"可坐"的特性，这样人们就不必有意识地思考要坐在哪里。这把椅子就是一种具有良好功能可见性的物品。无论看到还是摸到，你都能在第一时间知道电梯按钮是可以按下的。电梯按钮是一个很好的功能可见性案例，如图 2-13所示。

扫码看彩图

不具备功能可见性　　　　　　　　　　　　　具备功能可见性

图 2-13

2.4.1　先天的能力和后天的经验

人们通常通过与环境的互动来学习快速的、无意识的功能暗示。例如，通过使用网站和 App，人们了解了哪些视觉元素是可点击的，哪些是可滚动的，哪些可以关闭或打开，哪些可以展开或折叠。

如果你是第一次使用计算机，你会发现浏览网站这个行为很难。你怎么知道蓝色下画线的文本是可点击的？不同文化之间也存在差异。例如，在中国，人人都知道在微信聊天中出现的带红包的图标是可以点击的，点击后你会收到一笔钱。而在西方，这功能并不明显（幸运的是，现在你知道了）。

2.4.2　设计提示时要注意功能可见性

线上行为设计师在设计提示时要注意功能可见性。系统 1 必须能够立即明白提示的意思。点击！滚动！刷卡！你不能让访问者的系统 2 去考虑哪些东西可点击、哪些东西不能点击，否则，你会浪费访问者宝贵的思考时间，且让期望行为变得更困难了，然而这困难并不必要。

当你按照行为设计师的逻辑思考时，你就不会用设计技巧来设计特别的东西，清楚且实用才是你的目的。举几个例子：

- 取消了极简主义的方形订单按钮，换成了一个加长版的 3D 订单按钮，如图 2-14 所示。

👍 良好的功能可见性
一个明显的按钮。

👎 不好的功能可见性
一个不明显的按钮形状。

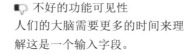

图 2-14

- 代替灰色矩形框作为输入字段区域的是带有阴影和闪烁光标的白色区域。如图 2-15 所示，对比之下，鲜明的白色表面和闪烁的光标更能吸引人们的注意。

👍 良好的功能可见性
白色背景、阴影和闪烁的光标很清楚地表明这是一个输入字段。

👎 不好的功能可见性
人们的大脑需要更多的时间来理解这是一个输入字段。

图 2-15

- 不要用一个自我构思的形状按钮来充当"播放"按钮，而是用众所周知的三角形按钮，如图 2-16 所示。它之所以流行是有原因的。

👍 良好的功能可见性

当人们看到"播放"按钮时，马上就能知道它的含义和工作原理。

👎 不好的功能可见性

在这个例子中，人们需要更长的时间来理解这个是做什么的。

西奥迪尼的七项原则

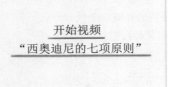

开始视频
"西奥迪尼的七项原则"

图 2-16

2.4.3 功能可见性的一种形式：滚动条

几乎所有的说服方式都需要滚动条，它是功能可见性的一种。很多时候，访问者并不清楚他们是否可以向下滚动，这通常是因为在内容的底部有一个所谓的"虚假边界"，页面似乎已经到此为止了，然而这里仍然有有说服力的信息告诉你，页面还没有停止，只是目前看不到而已，如图 2-17 和图 2-18 所示。

👍 良好的功能可见性

切断背景可以让人们的潜意识大脑意识到页面还在继续。

👎 不好的功能可见性

看上去页面似乎停止了，人们的潜意识大脑并不会下意识地去滚动页面。

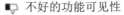

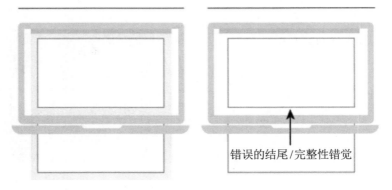

错误的结尾/完整性错觉

图 2-17

良好的功能可见性

切断图像可以让人们的潜意识大
脑明白他们还可以继续滚动。

图 2-18

小贴士：如果你有添加说明来解释其工作原理的冲动，那么说明它的功
能可见性并不是很好。

应该让访问者快速明白"这个提示是可以点击的"。

2.4.4　你应该记住什么

- 一个好的设计能让人们下意识地、快速了解该如何与之互动。
- 人们通常很快就明白能用这个东西做什么，而不是琢磨它到底是什么。
- 清楚且实用的设计意味着它具有良好的功能可见性。
- 具有良好功能可见性的设计可为访问者节省大量脑力劳动。
- 良好的功能可见性会让更多的人与提示进行互动。

2.4.5　你能做什么

- 应该让访问者快速明白"这个提示是可以点击的"。
- 给按钮一个明显的形状。
- 使用大多数访问者都不需要考虑的常用形状。
- 设计提示时，你的目标并不是赢得创意奖。

当你确切地告诉人们该做什么时，
行为就会变得容易了。

2.5 直接说出你的期望行为

"去刷牙！穿上睡衣！整理好你的乐高玩具！关灯！躺在床上！"你哄过孩子睡觉吗？在某一时刻，你开始用命令语气来让他们加快速度。实际上，你也应该用这种方式对待线上访问者（如图 2-19 所示）。

扫码看彩图

要求访问者做出期望行为。

图 2-19

如果想让某人快一点，人们会在无意识中用祈使句直接说出期望行为。这样就可以帮助他人的大脑启动这些行为。因此，这种方式可以让行为变得更简单。不必要的脑力劳动越少，达到期望行为的机会就越大。

请看图 2-20：左边的例子总是使用一个明确而具体的动词，这就增加了转化的机会。

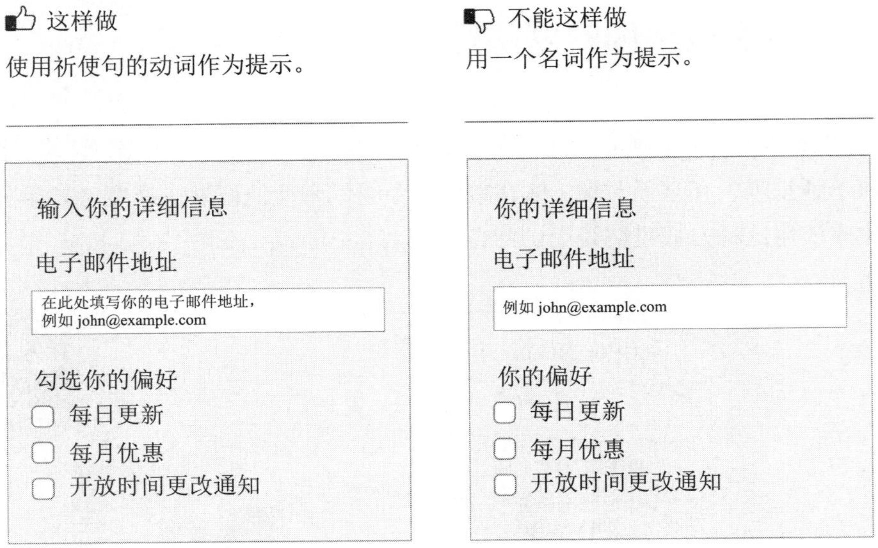

👍 这样做　　　　　　　　　　　　　👎 不能这样做

使用祈使句的动词作为提示。　　　　　用一个名词作为提示。

输入你的详细信息

电子邮件地址

> 在此处填写你的电子邮件地址，
> 例如 john@example.com

勾选你的偏好

☐　每日更新
☐　每月优惠
☐　开放时间更改通知

你的详细信息

电子邮件地址

> 例如 john@example.com

你的偏好

☐　每日更新
☐　每月优惠
☐　开放时间更改通知

图 2-20

2.5.1　清晰的提示更有效

与使用抽象术语的提示相比，能够非常清楚地告诉你要做什么的提示更有效。图 2-20 左边的例子也可以使用"在此处表明你的偏好"，但"勾选"比"表明"更具体，也更容易转化。

2.5.2　点击这里或向上滑动

想让访问者在忙于其他事情时进行点击，命令身体行为通常是最有效的。系统 1 更可能理解诸如"点击这里"和"向上滑动"之类的物理操作，而不是诸如"发现好处"或"请求报价"之类的抽象词语。

请注意，可用性专家可能会反对使用"点击这里"，众所周知，用户体验指导原则是你应该使用一个动词来表达期望行为，例如"注册登录"。虽然在网站上很多地方都有这样的需求，但如果需要将访问者从一项任务中吸引出来，情况就不是这样了，这时，最好设计一个完全专注于系统 1

的提示，如图 2-21 所示。

👍 这样做

如果你想在访问者忙于其他事情时吸引他们，请直接说出你的期望行为。

👎 不能这样做

说出结果。请注意，不建议直接说出结果，是因为这里需要引导人们离开当前的任务，系统 1 可以理解的提示更有效。

图 2-21

 用命令式的方式，直接说出你的期望行为。

2.5.3　你应该记住什么

- 当你明确地告诉某人该做什么时，行为就变简单了。
- 对于动词，祈使句（"输入名字"）最有效。

2.5.4　你能做什么

- 使用祈使句，直接说出期望行为。
- 尽情使用"点击这里"这个提示，它可以转移访问者对其他行为的注意力。

好奇心会让人们偏离预定路线。

2.6　好奇心原则

如果有一个深不见底的垃圾桶，那该多棒！仔细想一想，很神奇对吧？有人在瑞典进行过实验，并且成功了。

　　这个实验是趣味理论项目的一部分，大众汽车想表明乐趣是改变行为的关键。如图 2-22 所示，研究人员在一个城市公园里安装了一个特殊的垃圾桶，在里面配备了必要的电子设备，并在垃圾桶外面贴上"世界上最深的垃圾桶"几个大字。每当有人把垃圾扔进垃圾桶，就会听到物体掉进深渊的声音，几秒后就会听到"砰"一声巨响。即使你没有被垃圾桶上的文字所吸引，你也会被聚集在垃圾桶周围的人们所吸引。

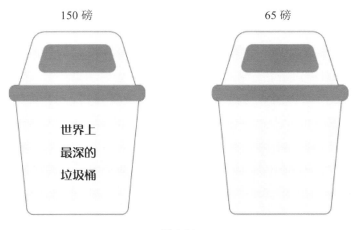

图 2-22

　　研究人员是正确的，乐趣是改变行为的决定性因素。所以，当发现某一天这个垃圾桶收集了 150 磅垃圾，而附近的垃圾桶只收集了 65 磅垃圾时，就不足为奇了。这个实验的关键在于垃圾桶让人们产生了好奇，人们会思考为什么这个垃圾桶是世界上最深的垃圾桶？为什么垃圾桶周围的人看起来那么兴奋？

2.6.1　转移注意力

从图 2-22 中你可以学到利用好奇心来转移人们的注意力，激励访问者做出期望行为，特别是当涉及新行为路线的第一个提示时。好奇心具有阻滞力，能诱使人们停止正在做的事情。也就是说，好奇心非常适合在广告中使用。

这并不仅仅停留在激发好奇心上，事实上，这只是说服的开始。然而，产生的点击表明你已经引起了人们的注意，你朝着正确方向迈出了第一小步。

2.6.2　如何设计以满足好奇心

根据好奇心原则，你应该让访问者清楚，他们的好奇心会在单击或滚动后立即得到满足。

所以提示不能这么问："你会成为获得百万美金的赢家吗？"

而要这么说："这就是你赢得百万美金的方式！"

当点击第一个提示时，你知道你有可能并不会得到答案。系统 1 觉得这很正常。但如果点击第二个提示，你知道你会得到答案，你的好奇心会得到满足，所以你只需点击。

这种"如何做"的方法是五种最著名的激发好奇心的方法之一。下面一一介绍它们。

1. 信号词

"这个"和"这些"这样的信号词指的是你在点击后会看到的东西。这就是为什么它们出现在标题（邀请你阅读文本）、主题（邀请你打开电子邮件）和广告（邀请你点击）中都很有效的原因。

- 这张图片向你展示了汽车内部的样子。
- 这就是未来工作的样子。
- 这是客户对我们的评价。

这个原则让你更成功

Buzzsumo 研究了 Facebook 上最受欢迎的三元组合（由三个英语单词组成的词组）。为此，他们分析了 1 亿条 Facebook 上的帖子，"让你……"高居榜首。类似词组有：

- 6 个让你成为更好的自己的硬道理。
- 让你大笑的图片。
- 24 张让你觉得世界如此美好的图片。

为什么这个工作这么好？内容与你的感受直接相关，这会让你对内容充满好奇。

---

2. 谁

人们喜欢向他人表达自己、评判或欣赏他人，提到某人会使他们感到好奇。

- 这就是塔尼娅上完我们课程后的样子。
- 这就是琼斯一家对我们协议的看法。

3. 如何或为什么

当告诉人们，你可以教他们一些东西时，有些人会感到好奇。用"如何"和"为什么"这样的词可以激发人们的好奇心。

- 为什么人们只开发了 5% 的脑力？
- 如何让一个茶包泡出五壶茶？

4. 清单

清单让人们感到好奇，原因可能是清单会让人们很快学到新东西，也可能是清单会满足人们的好奇心，例如人们想知道谁或什么赢得了第一名。

- 这些是营销中最常见的错误。

（这也有助于人们避免错误）

- 提高转化率的 10 种方法。

（这也有助于人们追求利润）

2.6.3　违背常识也可以引起好奇心

与大多数人背道而驰的想法会让人们感到不舒服，所以人们喜欢去探查到底发生了什么。

- 吃早餐不利于健康。
- 运动使人发胖。

2.6.4　用文本和图像引起好奇心

　　广告首先是在视觉上与人们产生交流，而好奇心主要是由人们尚未看到的东西引起的，这并不容易。所以，引起人们的好奇心是一个艰难的过程。尽管如此，还是有以下几种方法可以引起人们的好奇：

- 覆盖（部分）物体。
- 展示产品的一小部分（见图 2-23）。
- 展示给对产品有兴趣的人。
- 展示预览（视频）。

　　👍　这么做
通过只展示产品的一小部分来激发好奇心。

图 2-23

2.6.5　不要让访问者失望

　　不要让访问者失望。你必须事先表明访问者的好奇心将会得到满足，不是通过那些微弱的奖励，而是提供一些真正有价值的东西。否则，虽然激发了好奇心，但访问者还是会离开，并且可能永远也不会回来。

 通过让访问者产生片刻的好奇，说服他们进行点击。

2.6.6　你应该记住什么

- 好奇心使人们偏离预定路线。
- 当人们知道好奇心将立即得到满足时，接下来的情况就应该如此。
- 好奇心增强了"至少看一眼"的动力。
- 这被称为"好奇心原则"。
- 作为行为设计师，你可以使用好奇心来设计提示。
- 好奇心被用来促使人们迈出第一步。人们一旦产生了好奇，说服游戏就真正开始了。

2.6.7　你能做什么

- 让访问者产生片刻的好奇，说服他们进行点击。
- 在文本中使用信号词、谁、如何或为什么、清单、违背一般观点或期望的内容。
- 通过覆盖部分物体、仅展示产品的一小部分、展示给对产品有兴趣的人或提供预览来实现视觉效果。
- 一旦访问者表现出期望行为，立即展示可以满足他们好奇心的内容。
- 确保你真的满足了访问者的好奇心，不要让他们失望。

如果希望获得额外利益，
你就要停止手头工作，转而
去做能获得额外利益的事情。

2.7 额外利益

说实话，你会为一次免费的通话感到兴奋吗？5% 的折扣会让你兴奋吗？大多数人并不会因此感到兴奋。人们都被宠坏了，人们会耸耸肩，然后继续前行。直到遇到一个真正让他们惊讶的特价，才会感到兴奋。

上网时，人们忙于做各种各样的事情。人们专注于社交媒体，在 YouTube 上观看爵士乐教程，或者忙于工作、发电子邮件。系统 2 专注于任务，而系统 1 负责监视。换句话说，系统 1 会在不知不觉中扫描人们在网上看到的文本和图像，幸运的是，系统 1 可以忽略其中大部分内容，但偶尔会被一个无法拒绝的价格分散注意力，例如：

- 电视八折优惠。
- 返还 100 美元现金。
- 三个月内免费观看无限量套装内容。

这个价格难以置信吗？来看看图 2-24 这个例子。

作为一个行为设计师，你可以通过传达这些罕见的好处来阻止访问者离开。但是，如果你想让"额外利益"为你服务，就需要满足一些条件，见下文。

2.7.1 与众不同的解决方案

正如之前所说，5% 的折扣不太可能刺激到系统 1。你应该提供一个真正的折扣，一个独特的、有趣的、根本性的优势。高折扣、现金返还和低价格（详见本页上面部分的例子）都很有效，还可以考虑提供日常问题的简单解决方案，例如：

- 眼睛下面不再有眼袋。

👍 这么做

用不超过五个词的语句传达一个罕见的好处。

电视八折优惠

查看报价

图 2-24

- 一分钟内完成圣诞树的装饰。
- 坐着减肥。

2.7.2　文本要保持简单

与系统 1 进行交流时，不应将额外利益过分复杂化，我们之前将系统 1 比作一个 7 岁的儿童，所以应该坚持使用简单的句子，最好不要超过五个单词，因为系统 1 倾向于完全忽略冗长杂乱的文本。如果你坚持每句话不超过五个单词，系统 1 很可能会自动读取你的信息，进而分散访问者的注意力。

还要使用较大的字体，否则没人会费心去阅读它。毕竟，系统 1 并不那么容易被说服。最后，使用图片来支持你的观点，让内容表达得更清晰。

　　用一个看起来好得难以置信的报价来激发访问者。

2.7.3　你应该记住什么

- 如果希望获得额外利益，人们就要停止正在做的事情。
- 这被称为"额外利益原则"。

2.7.4　你能做什么

- 用一个看起来好得难以置信的报价来激发访问者。
- 用简单的词和句子表达这一优势。
- 最多使用五个词语来表达优势。
- 尽可能使用大字体和支持图像。

人们通过条件反射回答简单问题。

2.8　简单问题

你可能经历过图 2-25 这样的场景：当你坐下来准备吃晚饭时，门铃响了。门口有个学生，他说："晚上好，先生，您喜欢动物吗？"你当然喜欢，在不知不觉中，你参与了一场关于捐赠请求的对话。

图 2-25

本章围绕对话的第一个问题，这是开启对话的策略。这种策略基于人们的自然反应，被称为"简单问题原则"。小时候，父母和老师教育孩子在被问到问题时要礼貌地回答。如果人们没有回答，他们通常会遇到麻烦。通过突击测验和测试，人们给出正确答案后确实会感到快乐。

2.8.1　带有答案按钮的简单问题

可以利用上述不可抗拒的冲动让访问者在线上回答问题，通过问一个简单的封闭式问题，最好有两个、三个或四个答案按钮（五个答案按钮太复杂）。

这就是乔里斯和他的 Buyermins 团队为 bol.com（荷兰最大的线上零售商）优化评论流程时所做的，他们需要更多的评论。这种情况下，应该在访问者购买产品后，向访问者发送电子邮件，提示访问者以触发他们"写评论"这个行为。乔里斯团队试验了图 2-26 中的两种版本：

简单问题原则　　　　　　　　　　　　无倾向性原则

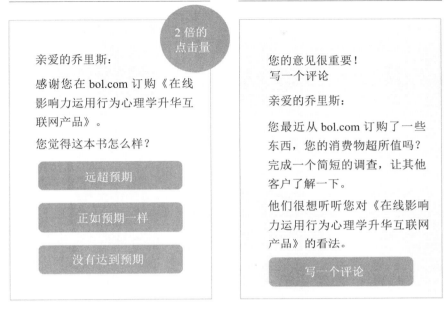

图 2-26

请注意：

这是原始实验中邮件的简化版本。

结果证明"简单问题"这种方法很有效，图 2-26 左边的选项——带有简单问题和三个答案按钮——获得了 2 倍的点击量。这是一个很好的结果，乔里斯团队共同赢得了第一个荷兰 CRO（转化率优化）奖。

2.8.2　完美的搭讪语

一个简单问题往往是开启客户旅程的完美开场白，这个问题的主要目的是让人们把注意力从正在做的事情上转移开。真正的诱惑过程在这之后才开始。图 2-27 是简单问题的几个例子：

👍 简单问题原则

你理想的假期是什么样子的？

冒险　　放松　　两者都有

你要买给谁？

我自己　　我的孩子　　其他人

你最喜欢的电话颜色是什么？

白　　灰　　黑　　看情况

你参加过多少次营销培训班？

没参加过　　1~5次　　超过5次　　我不知道

你认为哪台电视的黑色效果最好？

LED　　Q-LED　　OLED　　我放弃回答

图 2-27

　　最后一个问题是一个突击测验问题，因为它不询问你的个人喜好，这样的问题通常是无法抗拒的。

2.8.3　所问的问题要保持简单

小贴士：让你问的问题非常简单，因为你正在使用提示来"搞定"系统 1，你可以把它当作一个 7 岁的孩子。简单问题是简短的、具体的、封闭的且易于理解的。

2.8.4　所问的问题要保持轻松

你问的问题在心理上和社会上都应该是"安全的"。换句话说，回答这个问题不应该让人们觉得他们是在暴露自己的个人水平或透露私人信息。因此，让问题保持轻松。图 2-28 展示的是一个不好的示例，所问的问题会透露个人隐私。

👎 不能这么做
问一个太私人的问题。

图 2-28

2.8.5　始终保留这样一个选项

最后，每个人应该都能够回答这个问题。这意味着你有时必须添加诸如"我不知道""两者都有"或"也许"之类的选项。

向访问者提出一个易于理解和回答的问题。

2.8.6　你应该记住什么

- 人们会自动地回答简单问题。
- 这被称为"简单问题原则"。

2.8.7　你能做什么

- 向访问者提出一个易于理解和回答的问题。
- 确保你问的问题简短、具体、封闭且安全。
- 始终提供两个、三个或四个选项。
- 确保每个人都能回答这个问题。

人们不喜欢半途而废。

2.9 未完成的旅程

如果你也在 LinkedIn，下次接受连接请求时，请注意图 2-29 中的内容，你将立即看到后续任务的提示，而不是填写表单或查看感谢信。

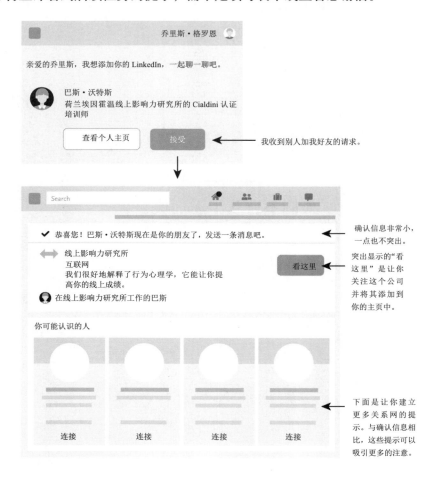

图 2-29

通过好友申请后，你可能会想：好了，现在回去工作吧。但 LinkedIn 的想法是：我找到你了！现在，填写一下个人资料或寻找更多的联系人吧。这个提示表明，你的任务还没有完全"完成"。这被称为"未完成的旅程原则"。

这一原则的运行基于人们希望他们所做的一切都能圆满结束。半途而废让人不舒服，作为一名行为设计师，你可以利用这一点来寻找终端站点，例如感谢页和确认页。你想要的新行为就可以从这里开始。仅当新行为与上一个行为相关时，此选项才有效。来看下面几个例子：

- 注册在线新闻后的感谢邮件中：

想要获得最新更新吗？下载我们的白皮书！

- 购买机票后：

立即规划你的机场之旅！

- 在旅行 App 中选择通用语言后：

填写你的个人资料！

图 2-30 所示也是一个例子：

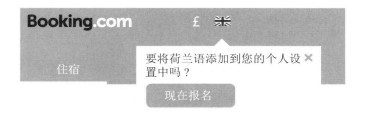

在我将语言设置为"荷兰语"后，系统第一时间提示我创建一个账户，这样就可以将"荷兰语"添加到个人设置中。

图 2-30

2.9.1　完成旅程的最后一步

俄罗斯心理学家布鲁玛・泽加尼克（Bluma Zeigarnik）发现，未完成的任务一直在人们的大脑中徘徊，它让人们感到不安，促使人们完成任务。

如果你把这种行为称为完成工作所需的最后一步，你就增加了访问者的动力，它似乎在说：来吧，你就快到了，只需要再点击一下。

Airbnb 非常巧妙地做到了这一点，它并不会在你旅行后要求你进行评论，而是用一句巧妙的话鼓励你完成旅程的最后一步。如图 2-31 所示，他们完美地应用了"未完成的旅程原则"。

图 2-31

 将所需行为命名为合乎逻辑的下一步。

2.9.2　你应该记住什么

- 人们不喜欢半途而废。
- 人们的动力来源于他们正在继续一项任务或完成一段旅程的想法。
- 这被称为"未完成的旅程原则"。
- 泽加尼克记忆效应让人们更有动力迈出最后一步。

2.9.3　你能做什么

- 将所需行为命名为合乎逻辑的下一步。
- 如果这是完成客户旅程所需的最后一步，效果会更好。

第 3 章
如何提高人们购买产品的动机

3.1 什么是动机

你已经知道了什么是提示，以及如何使用提示来触发你的目标受众，那么这一章将讨论福格行为模型的第二个要素——动机。

人们在日常生活中经常使用"动机"或其同义词。想想自己说过多少次"现在充满动力"，或者相反的"现在没有动力"。动机是人们做一件事情的内在动力，它基于多种因素：快乐与痛苦、希望与恐惧、社会接受程度与社会排斥程度。下面将带你浏览这六个因素，向你展示如何激励访问者做出你希望看到的行为。

3.1.1 动机的因素：快乐与痛苦

人们的情绪倾向于感受快乐，避免痛苦，这是动力之源；这种原始动力也能在动物身上观察到。这两个因素都与当下有关。

在阳光下放松心情就是人们渴望在现实世界感受美好的例子，避雨是为了避免打湿衣服或避免痛苦的方法，自发地"爱上"一张美丽的照片就是在线上感觉幸福的例子，当然，人们也喜欢有趣的八卦故事或具有挑战的游戏。虽然人们在网上并不会体验到身体上的疼痛，但有时他们确实会感到不适。如果一个网站突然发出一声巨响，或浏览页面时出现弹窗，人们就会倾向于关闭这个网站或窗口。有时，这些恼人的情绪特别强烈，强烈到让人们不得不付费购买线上服务，来摆脱那些烦人的广告。

3.1.2 动机的因素：希望与恐惧

希望与恐惧关乎长期内人们想要实现什么样的目标。充满希望时，人们不会要求立刻从行为中体验到快乐，而是期望在未来获得回报。经历恐惧时，人们能预料到它在未来会带来痛苦或损失。

希望与恐惧鼓励人们未雨绸缪。例如，人们希望订阅的报纸能让他们变得更聪明。相比之下，恐惧会阻止人们做出某些行为。例如，人们可能会因为担心别人不喜欢这双鞋而决定不买它们。

　　一般规律是预期的回报越大，人们就越有动力去追寻它。如果人们认为可以很快得到回报，人们就会更加努力。那些直接给奖励的网站，例如直接访问或快速交付订单，会激励人们去做更烦琐的工作，例如填写冗长的网络表单。这就是为什么 B. J. 福格说"最高级的说服方式是只使用基于对美好未来的预期这种动力"。

3.1.3　动机的因素：社会接受程度与社会排斥程度

　　驱动行为的一种特殊类型的希望和恐惧与人们的社会生活息息相关。人们的许多行为都由某个群体的愿望驱使，或者，至少不会被拒绝。例如，一些人在没有任何报酬的情况下，孜孜不倦地为论坛做出贡献；一些人会不遗余力地追求在社交媒体上获得更多的赞。

　　线上 App 急切地利用这些社会激励因素来说服人们在那里花费时间，因为在社交媒体上花费的时间越多，对广告商越有利。然而，作为一名行为设计师，在使用这种形式的动力时应该小心谨慎。因此，行为设计师应该确保自己的期望行为始终符合访问者的最佳利益。

3.1.4　关注那些已经有点积极性的访问者

　　如前所述，在福格行为模型中的三个因素（动机、能力和提示）中，动机是最难受影响的。一个人追求特定目标的动机并不容易产生。例如，人们想要什么东西的程度取决于他们的经验、社会环境和媒体。然而，人们的个性也决定了什么能激励他们、什么不能。

　　例如，订购一部新 iPhone 的冲动。它可能源于你以前使用 iPhone 的经历、周围人使用的手机、旧 iPhone 的局限性以及网站上对新 iPhone 的宣传。作为一名线上行为设计师，你通常只能影响最后一个方面。这意味着你能发挥的作用是有限的。

　　这就是 B. J. 福格强烈建议不要把焦点放在需要激励的访问者身上，而是放在那些已经有了动机的访问者身上的原因。专门为他们设计有效的提示并简化所需行为，你就增加了你能发挥作用的机会。或者，正如 B. J. 福格所说：

　　"把热点触发器放在有动机的人的路径上。"

他所说的"热点触发器"是指可以让访问者直接做出反应的提示。在早期版本的行为模型中，使用的词语是"触发（trigger）"而不是"提示（prompt）"。

举一个简单的例子。假设你在卖雨伞，最好的情况是在下雨的时候向那些不带伞的人提供雨伞。同样，出售足球比赛门票最快的方式是在比赛前一周向俱乐部球迷和足球球迷发送一条信息，信息中带有购买链接。

因此，说服的艺术不是为伞或球票做"广告"，而是在正确的时间给予提示，并使所需行为变得简单。

3.1.5 给动机一个小助力

难道没有办法提高访问者的积极性吗？当然有。你可以使用线上内容来提示访问者，以提高动机，如图 3-1 所示。有时不一定会产生动机，但会唤醒动机。为了取得成功，你可以采用一些久经考验的原则。

例如，球迷可能没有足够的动力购买一场比赛的门票，也许是因为这场比赛会在电视上播出，也许是因为到达体育场的路途太远。在这种情况下，这些人处于福格行为模型中的行动线之下，意味着他们不准备购买门票。

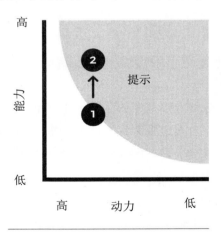

给动机一个小助力，目标受众中将有
更多人会超越行动线。

图 3-1

作为一名行为设计师，你可以应用多种原则来推动访问者朝着正确的方向前进，增加转化的机会。例如，你可以使用社会认同原则，标明很多孩子的父亲都买了票；或者你可以使用规避损失原则，说这可能是最后一次看到某个球员的现场表演机会；你还可以创造预期的热情，展示观众激动时刻的照片。

　　下面将介绍激发动机的十项原则。每一节的开头都会简要地介绍这项原则，接着用案例和线上应用来证实这项原则。本书将进一步向你展示如何在应对策略时应用这些原则，还将告诉你我们是如何使用这些原则来帮助客户的。

3.1.6　十大动机原则

　　（1）创造预期的热情

　　可视化未来的奖励，帮助访问者进行预期。

　　（2）满足基本需求

　　分析访问者的哪些基本需求与你的报价相关，并使用与之相关的词语和图像。

　　（3）提供社会认同

　　清楚地表明其他人——最好是与访问者相似的人——也做出了期望行为。

　　（4）展示权威性

　　表明你是权威性，或展示向他人借用的权威性。

　　（5）使用循序渐进的小步骤

　　使用小步骤来激励访问者一步一步走向期望行为。

　　（6）传达稀缺性

　　强调时间或库存方面的稀缺性，使产品或服务变得更具吸引力。

　　（7）积极反馈

　　慷慨地赞美。

　　（8）规避损失

　　将期望行为作为防止损失的一种方式。

　　（9）感知价值

　　展示你付出了多少努力，让访问者感受到这件事的价值并为之付出努力。

　　（10）提供理由

　　找出访问者可能需要展示期望行为的（好的）理由，并在你的设计中陈述这些理由。

3.1.7　动机的助推器以牺牲简单性为代价

还有一点需要注意：试图增强动机是以牺牲简单性和能力为代价的。这是因为人们的大脑会注意、阅读和处理每一个"增强动机的内容"。换言之，你增加的每一个内容都会花费人们额外的精力来处理。有时，增强动机的内容太多，多到让人们做出期望行为的能力都在显著下降，如图3-2所示。

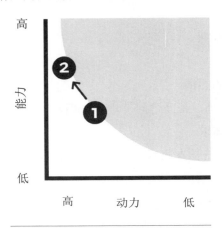

增强动机的内容会降低访问者能力，对
转化产生消极影响，甚至降低转化率。

图 3-2

新手行为设计师往往会对所有可用的原则都感到好奇，于是他们用能想到的所有说服原则来装饰他们的网站。实际上，这只会适得其反。谨慎、再谨慎地使用这些"额外"内容，尝试找出哪些原则能最大程度地增强动机。

外在动机

到目前为止，本书已经讨论了内在动机，即来自内在的动力。但有时，"说服者"也会增加额外的奖励。例如，如果注册一份资讯邮件就会有5美元的折扣，这个就是外在动机，即来自外部的动力。如果内在动机不够强烈，那么利用外在动机是明智的。外在的奖励可以作为最初的推动。就资讯而言，阅读资讯的内在动机在阅读第一份后可能就会增加。但是，为了让访问者有足够的动机去订阅，需要额外的5美元作为奖励。

预测未来的奖励会推动目标导向的行为。

3.2 创造预期的热情

你可能会遇到这样的情况：当一个人度假时，他享受的对假期的期待甚至超过了享受假期本身。这是一个很好的例子，说明人们在期待未来的精彩时刻时是愉快的。但对于行为设计师来说，预期在实现目标导向行为中发挥的作用可能更有趣。图 3-3 所示是航空公司通过视角摄影增加用户对未来奖励的期待。

荷兰皇家航空公司通过视角摄影增加了对未来奖励的期待：在库拉索岛上获得潜水体验。

图 3-3

3.2.1 多巴胺激励

多巴胺在预测未来的激励方面发挥着重要作用。多巴胺是一种神经递质，在脑细胞之间的交流中起着重要作用，请看图 3-4、图 3-5。

果汁奖励

响应条

免责声明：

这是对一个普通猴子实验的虚构描述。

图 3-4

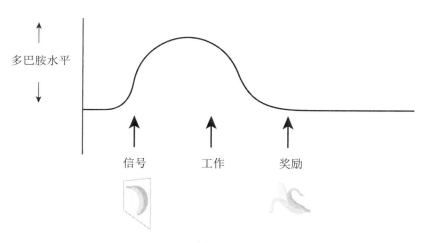

多巴胺水平

信号　　工作　　奖励

图 3-5

　　心理学家过去认为，正是因为有多巴胺，人们在获得奖励时才能体验到幸福，这被称为"喜欢"。这是因为多巴胺一旦被释放到人们的大脑中，就会诱发一种愉快的感觉。但对猴子进行的新研究表明，多巴胺主要与预期奖励有关。在心理学中，这被称为"想要"：对某种奖励的渴望，它激励你采取行动。

　　猴子实验如图 3-6 所示。信号一发出，猴子就明白奖赏即将到来：一杯可口的果汁。为了得到果汁，它必须做一些"工作"：反复按下按钮。当猴子执行这项任务时，从它大脑中测量到的多巴胺比以前要多。当它得到奖励时，它的多巴胺水平实际上下降了。简而言之：多巴胺水平主要在预期奖励之前升高。这让猴子感觉更好，变得更活跃，刺激它实现想要的行为。

不确定的奖励？更愉快

猴子实验是为了发现奖励的确定性在多大程度上影响人们的欲望。按下按钮，只有一半的猴子得到奖励时，这个实验结果显示，得到奖励的猴子们的多巴胺是原来的两倍。因此，随着对不同奖励的期待，愉悦感会增加得更多。此时，大脑会让人们更加活跃，增加多巴胺的剂量，以找到消除这种不确定性的方法。不确定的奖励会让人们沉迷于追逐它所带来的快乐。以赌场为例，赌博是一项能否赢得不确定奖励的"工作"。

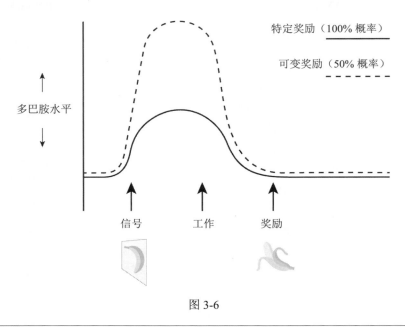

图 3-6

3.2.2　帮助访问者预测未来幸福时刻

通常，你可以很容易地在线上环境中应用向访问者展示潜在的奖励这一原则。例如，如果有人正在预订海滩度假，向他们展示热带岛屿的图片或视频；如果最终目的地是纽约，让他们看看纽约的天际线。最好是从游客角度拍摄，真实、自然，这样就可以很容易地预测到未来的幸福时刻。当然，奖励越大，欲望越大，而且你越早期待奖励，对奖励的渴望就越强烈。例如，想象一个马上就能得到的小奖励，比如在预订假期旅行时得到一个免费的沙滩排球，此时你释放出的多巴胺和想象真正的假期释放的多巴胺一样多，而真正的假期还在遥远的未来。

你还可以使用文本描绘一张未来奖励的图像。如果有人要预订一间酒店房间，可以考虑这样一句话："有一瓶美味的 Prosecco 葡萄酒瓶上写着你的名字。"这可能是迈向实际订单决定性的一步。

3.2.3　创造预期的热情要贯穿客户旅程

你可能会想：我已经让他们看了奖励，就不需要连续展示奖励了吧？毕竟，网站或应用程序通常都会有吸引人的图片和巧妙的文字。这似乎就够了，但你还可以更进一步。关键就在于，你要在销售漏斗的所有阶段去提升访问者的多巴胺水平，而不仅仅在销售漏斗的开始阶段。

线上行为设计师可以在产品详情页和随后的每个步骤上都展示所选产品的未来奖励。访问者在销售漏斗的最后一步也会产生多巴胺，保持积极性，继续下一步，如图 3-7 所示。

图 3-7

3.2.4   展示未来的快乐时刻

有一种简单的方法可以找到让访问者增加多巴胺的图片。创建一个时间轴，绘制访问者未来的所有快乐时刻。表 3-1 是将此方法应用于注册培训的例子。

表 3-1

时间				
快乐时刻	获得培训机会	完成培训	通过考试	成功应用知识
图片	学习环境的截图	完整进度条的截图	证书	演讲中观众鼓掌的图片

如此，你所展示的未来奖励所带来的愉悦可能会超过人们将获得的实物产品。你还可以展示产品或服务的愉快结果。例如，用完面霜后一张没有皱纹的脸，去了健身房后训练有素的身体，演讲后鼓掌的观众。

3.2.5   图像和文本要具体且简单

不要忘记，预期的热情是系统 1 的事情。因此，使用具体的图像，坚持简短的文本。

 　可视化未来的奖励，帮助访问者有所期待。

3.2.6   你应该记住什么

- 想象未来的奖励会推动目标导向的行为。
- 可视化未来的奖励可以唤起期待。
- 紧随期望行为而来的奖励会产生更大的效果。
- 这被称为"预期的热情原则"。

3.2.7   你能做什么

- 可视化未来奖励，帮助访问者有所期待。
- 要做到这一点，请确定未来可能源自期望行为的所有幸福时刻，形象化或描述其中最好的时刻。
- 可视化效果不仅要在销售漏斗的开始阶段进行展示，还要一直呈现到转化的最终时刻。

人们的动机是基于种类有限的基本需求。

3.3 满足基本需求

20 世纪 30 年代，出版人伊曼纽尔·霍尔德曼·朱利叶斯（Emanuel Haldeman Julius）通过出售《小蓝皮书》变得异常富有。在这本书中，这个美国人用廉价纸张大量印刷莎士比亚和歌德等作家的文学作品。这本小册子的销售量多达两亿多本，每本售价五美分，相当于当时一个汉堡包的价格。价格是合理的，但由于他想出了一个聪明的主意，销量急剧增长。

霍尔德曼·朱利叶斯很快就注意到有些书卖得比其他书要好。为了卖出更多不太受欢迎的书，他决定为这些书改名，见表 3-2。

表 3-2

原名	改名后
《十点钟》 售出 2000 册	《艺术对你来说意味着什么？》 售出 9000 册
《金羊毛》 售出 6000 册	《寻找金发情妇》 售出 50000 册
《争议艺术》 售出 300 册	《如何进行逻辑推理》 售出 30000 册
《卡萨诺瓦和他的爱人》 售出 8000 册	《卡萨诺瓦：历史上最伟大的情人》 售出 22000 册
《格言》 售出 2000 册	《生命之谜的真相》 售出 9000 册

3.3.1 满足人类的基本需求

通过改名实验和对销售数据的观察，霍尔德曼·朱利叶斯发现了畅销书的秘密：它们都包含与人类基本需求相关的词语。

例如享受生活和胜利。书名《如何进行逻辑推理》暗示读者可以学到一些东西，这些东西帮助他们更好地完成工作，甚至可能比别人做得更好。《生命之谜的真相》这样的书名暗示读者读了这本书后能更通透地看待生活。

3.3.2　人类的八种基本需求

撰稿人德鲁·埃里克·惠特曼（Drew Eric Whitman）在其著作《掘金广告》一书中列出了八种基本的人类需求，如果你想激励访问者，可以使用它们：

①享受生活，延长生命。

②享受食物和饮料。

③免于恐惧、痛苦和危险。

④性伴侣。

⑤舒适的生活条件。

⑥出类拔萃，必胜。

⑦关爱和保护所爱的人。

⑧社会认同感。

这个清单背后的想法很简单：将你的提议与八种基本需求中的一种联系起来。这会自动增强访问者接受报价的动机。

如果你使用特定的词语或图像，访问者会无意识地联想到这些基本需求。用卡尼曼的话说，系统 1 认为：是的，我也想要。大脑会产生一种积极的情绪，然后系统 2 开始着手处理报价的细节。

3.3.3　用文字关联基本需求

几句简单的话足以让访问者联想到他们的基本需求之一，请看表 3-3 中的例子。

表 3-3

中性文本	与基本需求之一有较强关联性的文本	基本需求
随时了解我们的提议	第一个了解我们的提议	必胜
有适当保险的旅行	保护你自己和你的家人	保护所爱的人
享受阳光假期	充分享受你的生活	享受生活

3.3.4　用图像关联基本需求

还可以使用照片和视频来关联这些基本需求，再举三个例子，见表 3-4。

表 3-4

产品	与基本需求相关的图像	基本需求
一份保险套餐	一张无忧无虑的家庭度假画面	免于恐惧、痛苦和危险
一门网络营销课程	一张在演讲后享受掌声的画面	社会认同感
一个智能自动调温器	一家人穿着舒适的衣服坐在沙发上的画面	舒适的生活条件

你的提议可能同时满足几项基本需求。例如，在网络营销课程中获得的专业知识将为你赢得社会认同，升职、加薪，享受更好的生活。

显而易见，你的提议应该真正满足了人们的潜在需求。举个例子，人们认为，把锻炼身体、看起来很健康的人描绘成卖含糖饮料或电子烟的人，在逻辑上是有问题的。

 分析与你的提议相关的基本需求，并使用与之有关联的文字和图片。

3.3.5 你应该记住什么

- 人们的动机可以追溯到一些基本需求。
- 通过满足这些基本需求，你提高了访问者响应你的提议的动机。

3.3.6 你能做什么

- 分析哪些基本需求与你的提议相关。
- 使用与之相关的文字和图片。

当人们不确定要不要这样做时，
人们会受到周围人行为的影响。

3.4　提供社会认同感

你意识到这种情况了吗？你在 Instagram 上看到一双漂亮的鞋，点击进去看看它的价格，感觉还可以接受，但突然间，疑问袭来：这双鞋的供应商是谁？我能相信这家供应商吗？我是这个世界上唯一一个考虑向这家供应商订购的傻瓜吗？

在那一刻，你可能已经在不知不觉中开始寻找"社会认同感"了。社会认同意味着所有的迹象都指向其他人——最好是许多人——这些人已经愉快地从这家供应商处订购了很多年。

模仿他人的行为深植于人们的大脑系统。为什么呢？有很多事情，尽管人们希望这样做，但人们并不能确定这样做是正确的。如果人们不完全信任那家供应商，那么人们就不确定是否从这家供应商购买产品，这时，人们就会倾向于关注其他人的做法并效仿他们。

3.4.1　价值54亿英镑的社会认同感

英国税务机关的一个案例凸显了社会认同的效果，请看图 3-8。政府会向没有按时缴纳税款的公民发送催缴通知单。税务机关写了一封提醒他们缴纳税款的信。这封信有四个版本：

- 第一封信是最初的"恐吓信"。信上说，收件人有责任支付货币利息和罚款，如果他们不支付，可能被法官传唤。收到这封信的人中有 67.5% 缴纳了税款。
- 第二封信中写道，十分之九的英国人都在按时纳税。结果，72.5% 的收件人缴纳了税款。基于这一小小的改变，收件人模仿了其他人的行为。
- 第三封信指出，同一邮政编码的人中，十分之九都在按时纳税。结果，79% 的收件人缴纳了税款。
- 第四封信中说，同一城市，十分之九的人都在按时纳税。结果，83% 的收件人缴纳了税款。

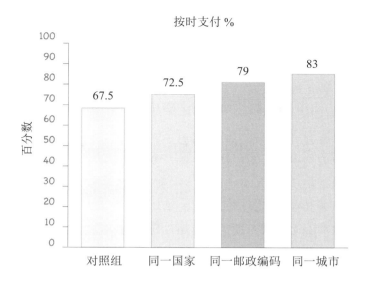

图 3-8

　　有两件事值得注意：第一，几乎所有的收件人对社会认同都很敏感——第 2 封信比第 1 封信更能说服人；第二，收件人对其他人的认同度越高，他就越敏感——第 4 封信与第 2、第 3 封信之间的差别。尽管这封信只有微小的变化，但效果尤其显著。时至今日，英国税务机关已经用这一句话多征收了 54 亿英镑的税款。

3.4.2　群众的意见给人信心

　　社会认同原则为行为设计师提供了很多来激励访问者做出期望行为的机会。在网络环境中，人们在不知不觉中接受群众智慧的引导。当人们对某件事产生怀疑或遭受选择压力时，这一点尤其明显。事实上，罗伯特·西奥迪尼将线上环境中的社会认同称为他最有力的说服原则。回想一下，在购买或预订前，你是否在频繁地浏览这个商品的评论？

　　当然，这在情理之中。当人们在网上购物时，人们没有任何有形的东西来衡量产品或服务。因此，人们会问自己各种各样的问题，甚至比人们在线下购买时的提问还要多。承诺会奏效吗？它真的提供了所承诺的服务吗？这真的是解决我的问题的最好办法吗？在这种情况下，别人的意见往往给了我们做出决定所需的信心。

3.4.3　学习Booking.com的做法

如果你问有没有一家公司在社会认同方面做得非常优秀，那一定就是Booking.com。这家网站时时刻刻、随时随地都在告诉访问者其他人做了什么或正在做什么。举几个例子：

- 你可以看到有多少人同时访问同一页面。
- 你可以看到一处房屋已经被评论了多少次。
- 你可以看到过去 24 小时内有多少人预订了房屋。
- 你可以看到该房屋或酒店游客的平均评分。
- 你可以阅读之前预订过该房屋的人的评论。
- 你可以从大量评论中看到，许多人已经预订了该房屋。
- 你可以看到某些房屋被授予"畅销"标签。

简而言之，你会不断得到确认：你做得很好，很多人都做过或正在做相同的事情。

3.4.4　提高社会认同感的三个助推器

助推器最大的好处是，你可以提高社会认同的效果。这里有三种方法。

助推器 1：直接说出你的期望行为。

你可以随时应用第一个助推器：直接说出你的期望行为。内容详见 2.5 节。举几个例子：

- 购买本产品的用户已经有 10 人给出了自己的评价。
- 今天已经有 20 位客人预订了我们的培训。
- 160 名客户订阅了我们的资讯邮件。

这通常比更笼统的"已有 160 人"更有效。

助推器 2：像我们的人。

有些人给出了很强烈的评价，有些人的评价甚至更强烈。但访问者认同的那些人的意见是最有力的，所以，在这里很重要的一点是向访问者展示像他们的人的社会认同，就像英国税务机关的信一样。下面是按具体程度排列的一些例子：

- 10 位购买该产品的企业家已经给出了他们的评价。
- 今天，20 位来自阿姆斯特丹的企业家预约了我们的培训。

- 160 名来自阿姆斯特丹的创新企业家注册了我们的资讯邮件。

助推器 3：信誉。

第三个提高社会认同的方法是信誉。简单来说，你提供的内容不应该让人们感觉这像是在做广告。Booking.com 在这方面做得很好，它实时显示有哪些人刚刚预订了酒店房间，显示内容包括国籍和到达时间。这样，网站的行为设计师就表明了数据直接来源于网站数据库，而不是由线上营销人员事先设想出来的。数字也是一样，不要给出一个虚构的整数，而是一个真实的数字。举几个例子：

- 11 位购买该产品的企业家已经给出了他们的评价。
- 今天，27 位来自阿姆斯特丹的企业家预约了我们的培训。
- 169 名来自阿姆斯特丹的创新企业家注册了我们的资讯邮件。

3.4.5　收集社会认同

如果你想在线上环境中利用社会认同的力量，你需要先收集它。以下是几个让你开始学习的例子：

- 反复要求客户进行评价或推荐。
- 让人们对你的内容做出回应，比如点赞。
- 安装分析软件进行使用率统计。

如何利用评论

在线上环境中，评论是最重要的社会认同形式。但是你如何才能充分利用评论的力量呢？我们在一家厨房用具的大销售商那里调查过这个问题，最惊人的发现如下：

- 至少要有 20 条可信的评论，最好来自访问者能够认出的人。如果你的评论少于 5 条，访问者会倾向于认为这些评论是老板的熟人在他的要求下留下的评论。
- 同时展示负面评论。毕竟，社会认同是关于信任和信誉的。因此，访问者也喜欢看到不那么正面的评论。作为一名经验丰富的说服专家，毫无疑问，你不会将这些评论称为"负面的"，而是将它们定义为"批评的"，负面评论也可能来自过度挑剔的客户。所以，让访问者自己判断是否有负面的东西。
- 明确每个人都可以评论。例如，添加一个按钮，按钮文本是"留下你自己的评论"。这强化了评论实际上是由其他客户撰写的印象。

- 除评级外，还要展示人们的态度。好的评论包括评级，比如星级与口语术语相结合，如图 3-9 所示。

1 星"非常差"

2 星"不太好"

3 星"好"

4 星"棒"

5 星"卓越"

图 3-9

值得信赖的评论概述例子：口语评级、引用例子、评论数量（包括批评评论的数量），以及一个表明所有客户都可以撰写评论的按钮。

3.4.6　展示社会认同

评论被收集后，如何展示社会认同就变得重要了。但你应该经常能看到评论被收集后并没有展示或没有放在正确的位置展示，以至于这些评论并没有起到作用。我们曾设法将大量评论和平均评分转移到客户的主页上，成功地为客户的网站带来了重大改变。访问者并不会在网站或应用程序中专门去寻找社会认同。所以，你应该为他们做好准备。

清楚地表明其他人——最好是看起来像访问者的人——也做了期望行为。

新的行为？社会认同！

如果你要求人们做一些他们以前从未做过的事情，比如买一些他们从未买过的东西，那么社会认同的作用就格外强烈。或者，在不太了解底层逻辑时，他们注册一些东西。这时，社会认同是非常有效的，因为它可以建立信任。这就是为什么这个原则在客户旅程开始时最有效的原因。不是直接放在广告上，而是放在首页或主页的顶部，证明其他人也有同样的行为，或者以前也有过这样的行为，让访问者觉得他们并不孤单，让他们更有信心做出决定。

3.4.7　你应该记住什么

- 在不确定的情况下，人们严重依赖他人来决定他们的行为。
- 人们更喜欢追随那些他们能辨认的人。
- 这被称为"社会认同原则"。

3.4.8　你能做什么

- 清楚地表明其他人——最好是看起来像访问者的人——也做了期望行为。
- 直接说出你的期望行为。
- 以可信、清晰的方式展示你的社会认同，尤其是在客户旅程开始时。
- 至少提供 20 条可信的评论。
- 同时展示批评性的评论。
- 明确每个人都可以进行评论。
- 除评级外，还要展示人们的态度。

人们喜欢相信比自己更专业的人和团队。

3.5　展示权威性

　　Petco 是一家美国零售连锁店，主要销售宠物产品。为了说服更多访问者购买产品，Petco 做了一些看似微不足道的事情：将其质量和安全标志放在了首页更显眼的位置，参见图 3-10。你可能认为这只是在不同位置替换了几个像素而已，但这几个像素却带来了巨大的变化。

👍 更多的转化
在本例中，多亏了一位值得信赖的权威公司——迈克菲。

👎 更少的转化
没有额外的权威。

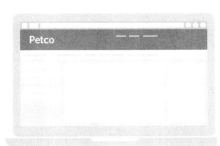

图 3-10

　　在此之前，质量和安全标志一直放在主页的右下角，这个位置并不显眼。通过将其放在顶部、搜索栏的正下方等这种访问者一眼就能看到的地方，网站的转化率增加了近 9%。就设计而言，这只是一个小小的改变，但对上市的Petco 来说，结果是收入的剧增。

3.5.1　接电话时也要展示权威性

　　罗伯特·西奥迪尼的实践中也有类似的例子。经过对英国一家房地产公司一个早晨的观察，这位说服专家提出了一个简单又有效的建议：联系客户时要向其展示权威性。
　　西奥迪尼建议接线员萨莉从现在起认真地把她的同事介绍给来电咨询的

人。如果有人打电话询问商业地产的问题，从现在起，她会说："您有关于商业地产的问题是吗？我帮您转接彼得吧。他有 20 年的经验，是这领域的专家哦。"如果有人想了解更多关于私人住宅的信息，她就会将电话转接给桑德拉。萨莉没有撒谎，彼得确实在这行干了 20 年，他真的是个专家；桑德拉对私人住宅确实非常了解。

结果如何呢？通过提升同事的权威性，萨莉的预约数量增加了 20%。最后，签订合同的数量增加了 15%。

3.5.2　展示权威性可以摆脱访问者的不安全感

Petco 和西奥迪尼都是通过展示权威性原则取得了成功。这一原则迎合了人们一种强烈的倾向，即人们更倾向于被专家或散发出专业知识的符号和信号所引导。当人们不能正确理解某件事或无法评估它时，专家会给人们一种确定感。

人们并不总是有机会或有动力获取所需的知识或技能。如果你想购买一辆新车，但你不太懂车，你很难分辨哪辆车拥有最好的驱动技术。或许在其他情况下，获取所需的知识或技能是可以实现的，但此时，你可能认为并不值得为此付出努力或投入时间。这时，展示必要的权威性是不是更好？"年度最佳汽车？这可能意味着这辆车的驱动技术还不错。"

3.5.3　个人的权威和"借来的"权威

在线上环境中，你可以使用两种类型的权威——个人的权威和"借来的"权威。个人的权威是指你的个人功绩。举几个例子：

- 你已完成的培训。
- 你的产品符合质量标准。
- 你写的博客或书。

"借来的"权威是指与你有关的其他人的权威，这些权威能对你产生积极的影响。举几个例子：

- 你合作的知名客户。
- 你租用的（豪华）办公室。
- 你所在行业权威机构对你的评价。

3.5.4　展示权威性可以建立信任

有一家知名的众筹公司，一直非常注重权威性。当它还是一家初创公司时，自身的权威性相对较低，需要借用权威。为此，我们展示了资助我们的经济部门和投资我们的知名银行的 Logo。效果很明显，借来的"权威"再加上其他一些原则使得网站的收入增加了 6 倍。

对这家初创公司来说，展示权威性尤为重要：众筹公司的一切都是投资，信任发挥着重要作用。

3.5.5　展示权威性吧！不用太谦虚

研究表明，无论有意识还是无意识，人们对这些权威信号都很敏感。因此，要向线上环境的访问者展示：
- 你是你所在领域的权威者。
- 你与拥有权威的各方有关联。

不要太谦虚。通过展示你的权威性，你可以帮到访问者。你节省了他们发现你确实是合适选择的时间。你可以想象，这家英国房地产代理公司的客户肯定很高兴，因为他们找到了像彼得或桑德拉这样的优秀专家。

　展示出你的权威性，或让别人授予你他们的权威。

3.5.6　你应该记住什么

- 人们更信任比他们拥有更多专业知识的人和团队。
- 当人们不太了解邮件的发件人时，"信任权威"这种倾向会增加。
- 不只有人们和政党可以散发权威，标志和信号也可以。
- 这被称为"权威性原则"。

3.5.7　你能做什么

- 表现出你的权威性。
- 让别人授予你他们的权威。
- 不要太谦虚。

人们很容易对一个小请求说"是"，
并且喜欢按照他们以前的行动和立场行事。

3.6 使用循序渐进的婴儿步骤

你愿意在你家的花园里竖立一个大大的广告牌吗？如果这个广告牌可以促进社会和谐，你愿意吗？美国住宅区近四分之三的房主同意在他们家的花园里竖起这个广告牌，仅仅因为他们对一个看似无害的问题回答了"是"。

现在正谈论的是乔纳森·弗里德曼和斯科特·弗雷泽对广告牌的研究，也可以在 B. J. 福格和西奥迪尼的作品中看到这项研究。这两位社会心理学家证明，人们喜欢按照自己以前的行为和观点行事。

3.6.1 婴儿步骤始于一个小小的请求

在第一轮测试中，他们要求房主在窗户上贴一张信用卡大小的贴纸。贴纸上的信息是"小心驾驶！"。他们认为，这将减少附近地区的交通事故数量。大多数房主都同意了这一要求。

3.6.2 再提出一个大大的请求

几周后，研究人员继续他们的研究。在第二轮测试中，他们问同样的房主，他们是否愿意在他们的前院放置一个一米高的广告牌，上面写着同样的信息，最后有 76% 的房主表示同意。与对照组相比，这是一个显著的结果。对照组的房主在事先没有被要求张贴标签的情况下，被要求立即放置广告牌，最后，对照组只有 17% 的房主愿意在他们的前院竖起这个大牌子。请看图 3-11。

为什么会这样？那些同意在花园里竖立这一标志的房主们一直遵循着他们一贯的行为习惯：贴上窗贴。B. J. 福格将贴纸上的中间步骤称为婴儿步骤。简而言之，你让别人有意识地迈出了一小步，就使更大的一步成为可能。毕竟，人们喜欢按照之前的行动和立场行事。作为一名行为设计师，如果你想鼓励人采取某种行为，你可以利用这一点。

👍 这么做
首先要求一个小小的承诺。

👎 不能这么做
要求立即做出重大承诺。

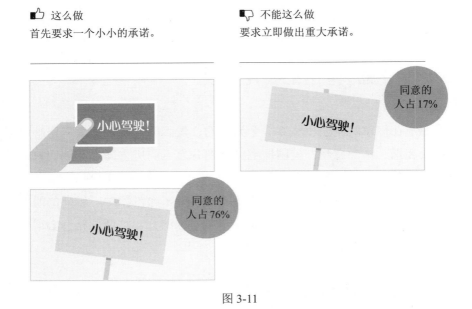

图 3-11

3.6.3　将大步骤拆分为小步骤

　　婴儿步骤非常适合在线上环境中使用。分析访问者需要在哪些方面迈出一大步，例如下载白皮书、购买产品或报名参加培训课程。通过设置婴儿步骤，访问者迈出一小步的机会很可能会增加，最终迈出一大步的机会也会增加。

　　图 3-12 这个案例是关于一个允许人们通过视频信息申请职位的平台。作为第一步，求职者必须下载一个 App，以便记录他们的申请。

　　先要求一个小小的承诺。

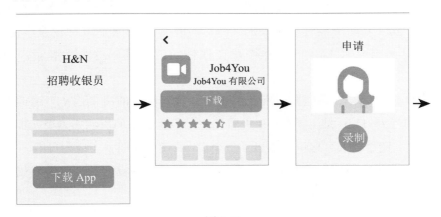

图 3-12

可以看出，这中间的两个步骤跨度非常大。所以，需要在客户旅程中增加几个小步骤：

①从现在起，求职者必须先填写一份表单，说明他们为什么适合这份工作。

②第二天，求职者收到了一封邮件，邮件中写着："恭喜你进入下一轮面试！"

③然后，求职者需要下载 App。

④此时，平台并不会要求求职者立刻站在镜头前，因为这中间还需要一些小承诺。所以，接下来平台给他们一些求职建议，还告诉他们录制视频的最佳方式。

⑤求职者完成了所有这些步骤之后才能录制视频，真正申请这份工作。

这款 App 的创建者最初担心这种方法会花很长的时间才能提出录制视频这一真正的要求。他们认为，步数越多，转化率越低。然而，点击次数没有请求承诺重要。事实证明这样做是对的，视频申请的数量增加了 25%，这多亏运用了婴儿步骤，如图 3-13 所示。

图 3-13

3.6.4　步骤要从安全信息开始

上述案例是一次内容相当长的客户旅程，你也可以在更小的范围内使用婴儿步骤原则。以设计表单为例，大多数访问者不喜欢直接输入电话号码，但如果你从询问相对"安全"的信息开始，比如他对产品的偏好或首选的送货方式，那么让访问者填写电话号码就会变得简单一点。

3.6.5　付费会员的一小步：第一个月免费使用

下面来了解一下 Netflix 和亚马逊 Prime 这样的线上服务是如何整合婴儿步骤的。他们通常提供首月免费使用的机会。这只是一小步，因为一个月后你可以取消会员。但在更多情况下，这只是确保消费者成为付费会员的一小步。特别是对服务提供商来说，婴儿步骤原则是一种很容易应用的方法。

庆祝每一小步

行为设计要庆祝每一小步，例如，竖起大拇指或用不同的界面表示表扬。你可以在 3.8 节中进一步了解这一原则。每迈出一小步，都要有一个小庆祝，让访问者感觉他们在进步。这符合 B.J. 福格行为模式的一个基本原则：帮助人们获得成功。

3.6.6　软性行动要求

视频应用程序使用中间步骤来引导访问者走向一个大步骤。然而，你也可以让大步骤看起来并不那么大，线上文案可以通过"更柔和"的表述来做到这一点。比较图 3-14 的按钮文本：

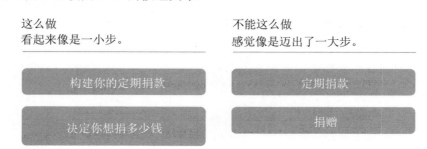

图 3-14

激进的行动要求会让人们感觉自己在别人的掌控之中。软性行动要求可能不会让这一步在字面上变小，但它能在心理上让步骤看起来不那么大。

3.6.7　达到目的的其他解决方法

并非所有访问者都需要循序渐进的婴儿步骤来进行期望行为。一些已经被说服的访问者希望立即采取行动，此时，你也不想让他们慢下来。在这种情况下，一个额外的"立即订购"按钮是一个很好的解决方法。如果空间有限，你可以选择一个按钮，然后结合"整理（Compose）和排序（Order）"指令。无论哪种方式，都要用正确的步骤为最终目的铺平道路。

 　用循序渐进的婴儿步骤来激励访问者一步一步走向你想要的"大"行为。

3.6.8　你应该记住什么

- 人们很容易对一个小请求说"是"。
- 人们喜欢与之前的行动和立场保持一致。
- 如果你在客户旅程中增加一些小步骤（婴儿步骤），你最终会激励访问者迈出不太可能一蹴而就的一大步。
- 对于每一大步，你都应该想出几个小步骤。
- 软性行动要求给人们一种愉快的感觉，即他们随时可以"返回"。
- 这被称为循序渐进的"婴儿步骤原则"。

3.6.9　你能做什么

- 使用循序渐进的婴儿步骤原则来激励访问者一步一步走向你想要的"大"行为。
- 问问自己，为了达到预期目标，他们必须迈出的最小的第一步是什么。
- 确定你是否可以将这小小的第一步作为你的行动要求。
- 为按钮文本设计一个软性行动要求，鼓励访问者点击。
- 为想要立即执行所需行为的访问者提供（额外的）行动要求。

当时间或库存有限时，人们会更快地做出决定。

3.7　传达稀缺性

"我们必须要尽快约会了，因为我三天后就要被学校开除了。"这是Facebook 创始人马克·扎克伯格（Mark Zuckerberg）用来邀请妻子普莉希拉约会时的浪漫开场白。这句话让他成功地约会了，几年后他们结婚了。这个例子只是为了说明运用说服原则会产生什么结果。

扎克伯格用一句话把问题从"你想吗？"转换到"还有可能吗？"他可能不是故意这么做，但在这么做的过程中，他运用了稀缺性原则。这一原则可以概括为：如果某样东西在时间或库存方面的可用性有限，人们购买它的动力就会迅速增强。

（线上）卖家喜欢利用这一原则来激励访问者采取行动。"售完即止""只剩两个了"和"仅限当日！"，它们都强调产品在时间或库存方面的稀缺性。下面将先分别讨论时间稀缺性和库存稀缺性，然后将这两者结合起来讨论。

3.7.1　传达时间稀缺性

当时间不足时，采取行动的动力就会增加，因为有一个截止日期，你只有这么多天、这几个小时甚至几分钟。一个著名的例子是临时折扣，例如线上带有折扣的优惠券"从即刻起，您只有 23 小时 59 分钟可以兑换您的折扣！"团购网站 Groupon、skyauction.com 等平台以及提供廉价出游服务的网站，已经将稀缺的时间变成了一种收入模式：你只能在有限的时间内来回应一个"难得的机会"。

如果你想在自己的线上环境中强调时间的稀缺性，给访问者一个倒计时。不要把它制作得过于生动，否则会让人感觉像是在做广告。

响亮的：

- 要么现在，要么永不！
- 最后一次机会！
- 当它消失了，它就没了！

实事求是且更谦虚的：

- 还有 12 个座位。
- 促销活动于 02:03:33 结束。
- 售完即止。

3.7.2　传达库存稀缺性

在库存不足的情况下，你可以通过明确"推迟可能会导致在未来无法获得某些东西"这一信息来增加动力。所以，访问者需要立刻采取行动。你应该在网站上经常看到这种稀缺性原则的应用，例如"最后几张票！"

如果你想应用库存短缺的方法，可以考虑一个从 5 件到 0 件的库存指标。保持指示灯为中性，这样就不会显得太咄咄逼人。

只有⑤个库存了

好消息是，库存稀缺性通常比时间稀缺性有更大的影响力。由于库存有限，访问者不知道还有多长时间它就被抢完了，因为一旦它消失了，就没有了。如果时间有限，访问者可以很清楚地知道还剩多少时间可以采取行动。

3.7.3　传达时间和库存稀缺性

将这两种形式的稀缺性结合起来就能完美地应用稀缺性原则。节日时的"早鸟票"就是一个很好的例子，这些票的数量通常是有限的（如仅限 500 张），并且只能在一定的期限内（如 4 月 21 日之前）购买。这就产生了最佳动力，让你现在就做出决定，而不会在想买时才发现为时已晚。

线上售票员维亚戈戈在这方面相当擅长。他们的网站上准确地显示了还有多少票可用（如图 3-15 所示），其中包括一条信息，在此期间这些票有可能已经售出。如果你想得到票，你必须先排队。在排队的时候，你会被问到是否真的想要这些票，否则这些票就会被别人买走。如果你对这个问题的回答是肯定的，你会被告知你只有五分钟的时间去买它。这就是这个网站如何一步一步地将问题从"我真的想要那么多票吗？"转化为"我能及时拿到它们吗？"①

---

① 库存稀缺性导致了时间稀缺性，双重稀缺性就增加了访问者购买的动机。

——译者注

图 3-15

3.7.4　稀缺性总是存在的

你可能认为你的产品或服务根本不稀缺，你不能使用稀缺性原则。如果是这样，请突出产品的独特之处。独特的东西在默认情况下都是稀缺的。例如，"这是唯一一种没有在动物身上测试过的面霜。"或者"唯一一门保证退款的线上设计课程。"

再问问自己，如果访问者没有使用你的产品，他们会怎么样。如果产品是一款面霜，访问者可能越不护肤，看起来就越显老。如果是旅游保险，在没有保险的情况下，旅行的时间越长，发生无法报销的被盗窃案的可能性就越大。这些都是稀缺性的表现形式。让后果更明确，增加访问者更快地采取行动的机会。

3.7.5　稀缺性原则也要合乎道德

最后，谈谈道德问题。稀缺性原则也许是最常被滥用的原则。你看到网站上说只剩下两个位置了，但当你到达电影院，那里空无一人。请记住，不要这样做，首先，这是不道德的。其次，它最终会产生不利后果。人们总会发现的，谁愿意做一家愚弄客户的公司的"回头客"呢？

考虑一下如何强调时间或库存稀缺性，使其更具吸引力。

3.7.6 你应该记住什么

- 如果时间有限或库存减少，人们倾向于更快地做出决定。
- 当物品在时间和库存方面稀缺时，人们会赋予它们更多的价值。
- 这被称为"稀缺性原则"。

3.7.7 你能做什么

- 考虑如何强调时间或库存稀缺性，使其更具吸引力。
- 问问自己：时间是否稀缺？如果是，考虑一下如何用中立的方式传达稀缺。
- 问问自己：库存是否短缺？如果是，考虑一下如何用非商业的方式传达稀缺。
- 应用稀缺性原则的另一种方法是强调产品、服务或公司的独特之处。
- 是否可以通过设定一个截止日期来创造稀缺性，例如通过临时促销或设置有限数量的促销项目，如早鸟票。
- 最后，你可以问自己：如果访问者不使用你的产品或服务，会出现什么问题？

人们会被表扬和赞美所激励。

3.8　积极反馈

忙碌了一周后，你在星期六的晚上和朋友们去市中心享受夜生活。俱乐部里挤满了有趣的人，DJ 正在演奏好听的音乐。当那首大热歌曲达到高潮时，五彩纸屑从天而降。你的反应是不冷不热还是跳得更卖力了？

是后者，对吧？你已经乐在其中了，五彩纸屑"淋浴"增强了你的积极情绪。然后，你变得更加活跃，正如舞池里的其他人一样。

为什么一把五彩纸屑就能刺激到人们？它是赞扬、赞美还是掌声？为了了解更多信息，我们对一种罕见的脑部疾病进行了研究。结果表明，额叶脑受损的人不能再感觉到情绪。因此，他们会一直处于"中立"状态，不再有动力能让其做出决定。他们仍然可以比较、推理并列出利弊，但他们不能再作决定了。

换句话说，在作决定时，感受情绪是至关重要的。而这正是行为设计师想要鼓励访问者去做的事情。因此，在客户旅程中，你应该善待访问者，让他们感受到必要的情绪。

3.8.1　创造积极的体验

小贴士：环境能引发情绪，从恐惧、悲伤到惊喜、喜悦，线上环境也不例外。这就是情绪能影响人们的决策和行为的原因。作为一名行为设计师，你可以引导这些情绪。

研究表明，在顾客旅程中有积极体验的访问者比没有体验到这种情绪的访问者更容易表现出期望行为。实现这一点有一个简单方法——请访问者享受一场五彩纸屑"淋浴"。是的，就像周六晚上在那个俱乐部一样。在客户旅程中不断给访问者积极的反馈，你可以唤醒并保持他们的积极情绪。

3.8.2　每一步都需要一场庆祝派对

线上环境为人们提供了可以无数次表扬、赞美他人的机会。图 3-16 便是一个众所周知的例子，正确填写线上表单字段后出现的绿色对勾。除此之外，给予积极反馈的方式还有很多，从"做得好"和竖起大拇指之类的赞美，到舞动的购物车，让你的创造力尽情发挥。

今天就加入我们吧！

你的全名

| 约翰·戴维斯 | ✔ | ☺ 名字看起来很好听 |

电子邮件地址

| davis@gmail.com | ✔ | 👍 看起来不错！ |

输入密码

| ·········· | ✔ | 👍 密码很强，很棒！ |

图 3-16

记住一点，重要的不是行为的大小，而是你的反馈。只要你有反馈，这些鼓励就都是一种积极的体验。

夸张吗？一点也不！

在荷兰、比利时等对赞美不太慷慨的国家，行为设计师有时并不热衷于积极反馈。他们认为这太夸张了，并表示访问者会立即明白这些赞美是计算机生成的。但这并不重要。B.J. 福格证明了由计算机产生的赞美会带来积极的用户体验。为什么呢？负责人们 95% 决策的系统 1，早在系统 2 意识到赞美不是真诚的之前，系统 1 就已经脸红了。总之，赞美不要停。

3.8.3　举办一场激励访问者的五彩纸屑"淋浴"派对

如果你想用五彩纸屑"淋浴"来激励访问者，一定要大方地使用你的五彩纸屑：首先，将客户旅程分为几个步骤；其次，在这些步骤中，想出大大小小的赞美词。坚持这样做，你就能不断激发访问者的积极情绪。这就增加了访问者完成客户旅程的机会。

慷慨地给予积极反馈。

3.8.4　你应该记住什么

- 积极反馈和赞扬会激励人们。
- 如果没有情绪，人们会发现自己一直处于不会做决定的"中立"状态。
- 在线上，有很多激发和保持积极情绪的机会。
- 客户旅程的每一步——无论大小——都是一个潜在的庆祝机会。
- 这被称为"积极反馈原则"。

3.8.5　你能做什么

- 慷慨地给予积极反馈。
- 在客户旅程的每一步都要提供积极的反馈。

规避损失的动机是获得同样东西动机的两倍。

3.9 规避损失

如图 3-17 所示，假如你生活在石器时代，你住在一个山洞里，你所有的东西都放在这个山洞里。这意味着每天早上，你必须在出去收集新东西或留在山洞里保护你现在的财产之间做出决定。

扫码看彩图

图 3-17

由于进化，人类（和动物）对损失的感受比收益更强烈，如图 3-18 所示。所以，人们的祖先通常"选择"珍惜他们已经拥有的东西。他们认为，劫掠造成损失带来的不快是获得新东西也无法弥补的。

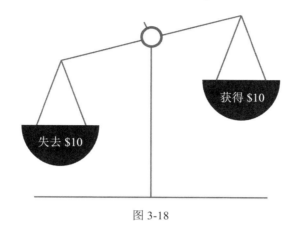

图 3-18

丹尼尔·卡尼曼等人指出，在进化过程中，人们一直保持着这种心态。他的研究表明，人们害怕失去某样东西的程度是渴望得到它的两倍。在心理学中，这被称为"规避损失原则"。因此，为了增加访问者的动机，最好强调他们可能会失去什么，而不是获得什么。

3.9.1　从有利可图到规避损失

在线上环境中，你通常可以非常轻松地应用这一原则。看看下面这两句话：

- 如果你的房子完全隔热，你每天可以节省 50 美分。
- 如果你的房子没有完全隔热，你每天将损失 50 美分。

第一句话明确强调了你可以"获得"一些东西。第二句话的意思相同，但强调了你可能"失去"一些东西。事实证明，后者的影响要大得多，因为它使转化率提高了 150%。

图 3-19 的例子比较了两个乳腺癌筛查广告。

👍 这么做
预约增加 125%。

👎 不能这么做
更少的预约。

乳腺癌筛查

乳腺癌发现较晚的情况下，
只有 15% 的女性能生存 5
年以上。接受筛查。

医学筛查机构

乳腺癌筛查

早期发现的乳腺癌患者存
活率为 100%。今天预约。

医学筛查机构

图 3-19

右边的广告关注的是收益，为了生存去筛查。左边的广告关注的重点是
损失，筛查防止死亡。左边的广告采用了规避损失原则，预约增加了 125%。

另一个实验试图挽留那些想取消订阅服务的人。我们使用聊天机器人布
置了不同的说服原则，并根据人们点击"是的，留下"按钮的参数衡量这些
说服理由。四个说服理由如下：

①如果你取消，你将不再享受我们产品的益处。

②如果你取消，你将失去你的忠诚度积分。

③如果你取消，你将不再支持我们的慈善事业。

④现在不是取消的最佳时机，因为即将推出新功能。

结果如何呢？这些人中的绝大多数还是会继续保留会员资格，因为他们
不想失去忠诚度积分（原因②）。对他们来说，决定性理由是他们担心失去
某些东西。

 将期望行为设定为防止损失。

规避损失与稀缺性

事实上，前面讨论的稀缺性原则也与规避损失有关。毕竟，稀缺性是指
某种东西在时间或库存方面的有限可用性。这种有限的可用性会促使人们更
早地采取行动，因为人们害怕错过。

3.9.2　你应该记住什么

- 人们规避损失的动机是获得东西动机的两倍。
- 这被称为"规避损失原则"。

3.9.3　你能做什么

- 将期望行为设定为防止损失。
- 设想一下，如果人们不采取期望行为，他们会失去什么，并在线上信息中传达这种损失。

人们在某件事上付出的精力越多，
人们就越重视这件事。

3.10 提供感知价值

如果你想寻找最便宜的航班，有很多网站都能为你列出所有航空公司的机票价格，但列出所有航空公司的机票价格这件事通常需要花费一些时间，或更确切地说，它们故意延长比较价格的时间。但你一点也不介意，这让你觉得它们特别为你进行了比较和计算。

你可能有过这样的经历：你最终做出选择并点击了"比较"后，你必须等待 10 秒钟才能得到结果。与此同时，网站会向你展示它正在比较的所有航空公司的 Logo，如图 3-20 所示。这就是问题的关键。展示 Logo 的原因与感知价值有关，人们的大脑赋予产品或服务价值，这是一种情感价值，在一定程度上决定了访问者最终愿意支付的价格。

正在比较所有的航空路线

图 3-20

3.10.1 更多的精力=更多的价值

简单来说，当人们在某件事上付出了很多精力，人们就会赋予它更高的价值。在心理学中，这被称为"感知价值原则"。

事实上，这个比较网站可能延长了比较的时间，这会让人觉得它在尽最大努力寻找最实惠的机票。结果，人们对网站的信心增加了，也不太愿意在其他地方订票了。

　　显然，这并不意味着你也应该立即在你的线上环境中上线延迟功能。下面列出了两种可以利用感知价值原则来进一步激励访问者的自然方式。

3.10.2　传达你正在努力

　　一种方法是要表现出你正在努力。宜家在这方面做得很巧妙，他们通过视频增加了访问者的感知价值。在视频中，宜家员工展示了他们在为客户简化自我组装方面付出了多少努力。人们看到他们非常精心地设计产品，不断尝试、调整、再尝试，这样一来，访问者就自动赋予产品更多的价值。

　　如果你想在线上环境中应用感知价值原则，可以尝试制作视频，或者用数字来表示你的产品或服务需要多少人、多少机器、多长时间才能生产出来。感知价值很有可能会增加，并且访问者也很有可能愿意支付你要求的价格。

3.10.3　让访问者做出努力

　　另一种方法是让访问者在某些事情上付出一些精力。再来看看宜家，对许多人来说，组装一个小橱柜是一项相当艰巨的任务。然而，一旦你把这个小橱柜放在一个房间里展示，它会比交付成品更令人满意，所以，橱柜被赋予了更多价值。这被称为"宜家效应"。

　　在网上可以达到同样的效果。你可以让访问者玩（并赢得）一个简单的游戏，然后再奖励他们一个折扣；或者让他们线上组装你的产品，就像组装耐克鞋一样。如果你这样做了，访问者将更有动力朝着转化的下一步迈进。

 忠告
展示你为此付出了多少努力，让访问者也付出一些努力。

动机与能力

　　在前面例子中，机票比较网站真的需要那么多时间来检索、处理和呈现数据吗？它们是否故意放慢了这一过程？故意放慢过程，一方面可以通过增加更多的感知价值提高访问者的动机，另一方面，更长的时间可以降低能力，如图 3-21 所示。两者之间存在一种张力。通过 A/B 测试，你可以找出在你的情况下哪个更重要，能产生最佳转化。

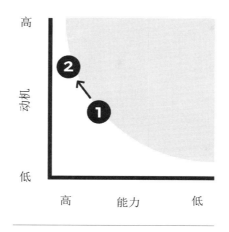

增强动机的内容会降低能力，从而抵消
对转化的积极作用，甚至降低转化率。

图 3-21

3.10.4　你应该记住什么

- 人们在某件事上付出越多的精力，就越重视这件事。
- 这适用于自己付出的努力，也适用于别人付出的努力。
- 这被称为"感知价值原则"。

3.10.5　你能做什么

- 展示你付出了多少努力。
- 让访问者在某些方面也投入精力。

如果给人们一个这样做的理由，
人们就更有可能改变他们的行为。

3.11　提供理由

　　你正准备赶赴一场约会，但临时需要尽快复印一些文档。然而，有一大队人在排队等待使用复印机。这时候你该怎么办？你可以问大家是否能让你先使用复印机，只要你给出一个理由，这种方法就很有可能奏效。

　　哈佛大学教授艾伦·兰格（Ellen Langer）在她著名的"复印机研究"中研究了"提供理由是否能让你优先使用复印机"这一问题。如果是，原因是什么呢？她问了排队的人三个不同的问题。

　　第一组等待的人被问的问题，但没有理由：

- 对不起，我有五页。可以先让我使用复印机吗？

　　第二组被问了同样的问题，同时给出一个很好的理由：

- 对不起，我有五页。因为我赶时间，可以先让我使用复印机吗？

　　第三组又问了同样的问题，同时给出一个很愚蠢的理由，如图3-22所示：

- 对不起，我有五页。可以先让我使用复印机吗？因为我要复印。

扫码看彩图

图 3-22

结果呢？在没有理由的情况下，被问到这个问题的等待者中，有 60% 的人同意让这个人先使用复印机。有充分的理由时，有 94% 的人同意让其先使用复印机。当有一个很蠢的理由时，仍然有 93% 的人会让那个人先使用复印机。兰格的结论是你给出什么理由并不重要，只要你给出理由就行。"因为"这个词吸引了人们对这件事"有理由的需求"，已足以激励人们。这被称为"原因原则"。

由于还是因为？

"由于"和"因为"这两个连词在意思上没太大区别。不过，如果想说服人们，"因为"是最好的选择。人们的大脑将"因为"后面的信息作为一个事实，而"由于"之后的信息通常被认为是一个观点。事实通常比意见更能影响人们的行为。

3.11.1　给出理由

所以，如果你想增加访问者的动机，考虑一下他们做出你想要的期望行为的理由。他们为什么下载 App？他们为什么要买产品？他们为什么要订阅资讯邮件？试着把注意力集中在好的理由上，因为有了好的理由，你不仅可以激励人们，也可以帮助他们。接下来，列出最可能的动机，并在设计中突出它们。

3.11.2　实践案例

我们成功地将原因原则应用在一个大型能源公司的比较网站。为了鼓励访问者使用这个网站搜索能源公司，我们提出了以下三个理由：

- 选择这个网站，因为节省的费用高达 300 美元。
- 选择这个网站，因为扔掉钱是一种浪费。
- 选择这个网站，因为两分钟后你就会知道你节省了多少钱。

强调一下这三个原因达到的预期效果——转化率增加了 5%。现在，有足够的动力去尝试这个原则吗？

考虑一下，访问者为什么要做出期望行为，将这些原因作为你设计的一部分。

3.11.3　你应该记住什么

- 如果给人们一个这样做的理由，人们更有可能改变他们的行为。
- 原则上讲，原因是什么并不重要，重要的是要有理由。
- 一个好的理由会比一个糟糕的理由更能帮到访问者。
- 这被称为"原因原则"。

3.11.4　你能做什么

- 考虑一下，访问者为什么要做出期望行为，将这些原因作为你设计的一部分。

第4章
如何提高人们的行动能力

4.1 什么是能力

除了提示和动机之外，福格行为模型还包含了决定人们行为的第三个因素——能力。它是关于一个人能够做某件事的难易程度。想让期望行为更容易实现，你就需要提高人们的能力。能力提高了，转化的机会就来了，如图4-1所示。

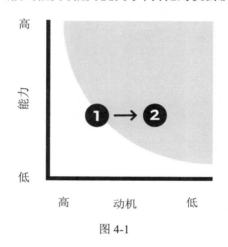

图 4-1

有时候你非常想做某件事，但最终你却没有去做。根据 B.J. 福格的说法，这种情况只有一个原因——行为太难，能力太低。比如，你在网上遇到一双你特别喜欢的鞋，但是，当付款时，系统会要求你先创建一个账户，并提供至少九个字符的安全密码，密码包括一个大写字母、一个数字和……哎，算了，这双鞋也没那么好看。

当事情太困难时，人们往往会放弃或推迟它。只有在动机充足时，人们才能坚持下去。反之亦然，如果某件事很简单，人们就倾向于去做，即使没什么动机。

4.1.1 行为设计师的关键见解：让期望行为更可行

你的目标受众是否有足够的动机并不重要，只要让期望行为更可行，你就能增加访问者执行它的概率。于是，转化的机会提高了。这就是行为设计师的关键见解。

接下来的章节将向你展示用以实现这一目标的实用原则。为了理解这些原则的基本情况，需要先找出事情困难与否的决定因素。这里再次遵循 B.J. 福格的模式和哲学。他认为，决定能力的因素有五个：

- 体力劳动
- 脑力劳动
- 时间
- 习惯
- 金钱

这些因素可以被视为资源。一种行为的难易程度取决于你所拥有最少的那个因素。例如，如果一个行为需要花费 10 分钟的时间，而你没有时间，那么这个行为对你来说就很难。这五个因素可以看作是链条中的一环，最薄弱的环节决定了行为的难易程度。

1. 减少体力劳动

决定能力的第一个因素是体力。为了做某件事，人们通常必须进行必要的体力活动。这些体力活动可以很重，比如去健身房；也可以很轻，比如把手机从口袋里拿出来。要明白，期望行为需要的体力劳动越少，人们就越容易做出这种行为。所以，你应该尽量减少访问者的体力劳动，以便达到预期行为。

2. 限制脑力劳动

除了体力上的付出，还有精神上的付出：从理解、阅读到计算、选择。思考的时间越长，它越困难。作为一名行为设计师，你必须限制脑力劳动。访问者思考得越少，就越有可能实现你想要的行为。

3. 要求时间尽可能的少

时间也决定人们是否做某件事。大多数人都很忙碌，去做占用大量时间的事情对人们来说比较难，这就减少了人们做出期望行为的机会。举个例子，与做一份 25 页的调查相比，毫无疑问，你更乐意将时间花在其他事情上。所以，不要让访问者花太多时间。

4. 坚持习惯

未知任务对人们的要求比人们已习惯的任务更高。所以，人们宁愿坚持自己的习惯，也不愿表现出新行为。在值得信赖的网店买东西要比在新网店买东西容易得多。所以，利用访问者的习惯来促进人们做出期望行为。

5. 考虑金钱这一因素

虽说金钱不是万能的，但金钱确实会让行为变得更容易。一个财富自由的人购买第二辆车要比一个普通人容易得多。所以，把金钱的因素考虑进去。即使你不能降低价格，你也可以让它看起来不那么"昂贵"。

4.1.2 "简单"对每个人来说都不一样

某个行为对一个人来说很简单，对另一个人来说却可能很难。例如，一个 12 岁的孩子通常非常擅长玩游戏机，因为他是和它一起长大的。然而，爷爷几乎无法应付它，因为他不是在这样的环境中长大的，他也没有足够的时间玩它。FIFA（美国艺电公司出品的足球游戏）亦是如此，孙子比爷爷更擅长。同理而言，与孙子相比，让爷爷支付"超级碗"橄榄球赛门票就要容易得多。

作为一名行为设计师，在设计线上环境时，你需要确定是什么原因让目标受众难以实现期望行为。时间不够？你必须确保该行为花费更少的时间，从而使行为更容易实现。期望行为是否存在经济障碍？你必须集中精力突破它们。总而言之，能力的提高不仅因行为而异，也因访问者而异。你可能注意到了这种情况，网上卖家经常打价格战，这绝不是让行为更容易的最佳选择。有时，只要订购过程顺利（时间因素），访问者根本不在乎他们是要花 9 美元还是 10 美元（金钱因素）。

4.1.3 特别注意减少脑力劳动

在线上时，人们几乎不需要做任何体力劳动。点击一个按钮燃烧的热量不到 1 卡路里。最糟糕的情况是人们需要拿出钱包查看信用卡号码，因为人们记不住自己的信用卡号码，否则就得找身份证了。

作为一名行为设计师，你影响的主要是访问者的脑力劳动。阅读理解产品信息、组合产品、从多个选项中做出选择——这些都需要大量的脑力劳动，这就是你可以施展能力的地方。所以，本书特别强调了这一点。

接下来的几个章节将讨论 12 种使行为变得更简单的实用方法。

（1）减少选项。

减少同时显示的选项数量。

（2）提供决策帮助。

帮助访问者进行选择，例如分类、区分、筛选或使用向导。

（3）设置默认选项、预填项和自动补全。

为客户旅程中的每个选择设置一个默认选项，提前输入信息，并给出建议以加快数据输入速度。

（4）使用抽积木技术。

看看哪些标题、短语和段落可以省略。

（5）消除干扰。

消除一切干扰期望行为的因素。

（6）提供反馈。

通过快速、适当的反馈消除客户旅程中的所有疑问。

（7）提供可逆性。

强调访问者在做出选择后可以返回上一步。

（8）清晰的页面结构。

在单列中使用层次结构和规律组织信息，并将属于同一列的内容放在一起。

（9）不要让我思考。

减少访问者的思考和研究工作。

（10）熟悉原则。

使用访问者熟悉的设计模式。

（11）预期工作量。

明确一项任务不会花费太多精力或时间以减少预期的工作量。

（12）使不合需要的行为更加困难。

让你或访问者都讨厌的行为变得更加困难。

这些原则给出的例子与无意识的影响并无关系，而无意识影响正是第 3 章的全部内容。能力主要是关于实际措施，通过在线上环境中正确地应用这些原则，你可以更容易地实现所期望的行为，并且提高转化率。

从众多选项中做出选择需要大量的脑力劳动，
并可能导致人们无法做出选择。

4.2 减少选项

当你问人们是否喜欢有很多选择时，他们通常会回答"是的"。然而，实际销售数据表明，提供大量的选项往往不利于转化。所以，人们有时选择"不做选择"。

以餐馆的菜单为例，有些菜单上有几十道主菜，这么多主菜总有让顾客满意的，人们都喜欢这样。然而，只要试着从这些美味中做出选择，你就知道有多困难了。

当然，大多数人并不会因为这个原因就离开餐馆，毕竟，外出就餐是一个特殊的场景，选择主菜是体验的一部分。但是，在线上环境中，访问者很可能就会离开你的网站或App。如果选择很困难，访问者的动机又不够强烈，他们就会放弃选择，推迟决定。

心理学家希娜·艾扬格（Sheena Iyengar）和马克·莱珀（Mark Lepper）在这一领域进行了一项著名的研究。如图 4-2 所示，他们在一家果酱店测试了两种情况，第一种是向顾客提供 24 种不同口味的果酱，第二种只向顾客提供 6 种不同口味的果酱。销售数字有着惊人的差异：从 6 种口味中选择的顾客购买的果酱数量比从 24 种口味中选择的顾客多 10 倍。

图 4-2

4.2.1 选择悖论

上述结果也被称为选择悖论，换句话说，有许多选择可能导致人们不做出选择、推迟决定。当选项相似时，这种选择压力似乎变得更大了。这里说明一点，现在讨论的是同时提供的选项。

　　这对行为设计师来说是一个很有价值的信息，你可以很轻易地考虑到这一点。选项是可以减少的。例如图 4-3、图 4-4，比较 Unbounce 这个页面的两个版本（注册 Unbounce 后可以免费试用），在少显示一个注册日期的版本中，转化率高出了 17%。

👍 这么做
更高的转化率

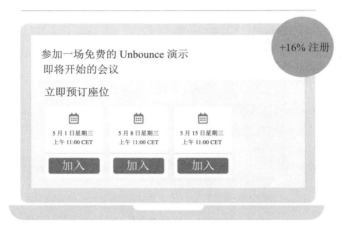

图 4-3

👎 不能这么做
较低的转化率

图 4-4

4.2.2　删除选项

作为一名行为设计师，你的任务很明确：跟踪访问者的客户旅程，寻找他们被要求同时从三个以上选项中做出选择的地方。如果减少这些地方的选项数量，转化率可能会增加。请注意，这些地方应该是访问者很难选择的地方。但在他们能马上知道答案的情况下，减少选项几乎没有任何效果，例如当你问他们的国籍时。

4.2.3　以不同的方式提供选项

顺便说一句，并不一定非要删除选项。例如图 4-5，你有一家卖鞋子的网店，与右侧版本相比，访问者可能更容易在左侧版本中做出选择。

👍 这么做　　　　　　　　　　　　　　👎 不能这么做
使选择更容易　　　　　　　　　　　　　可能引起选择压力

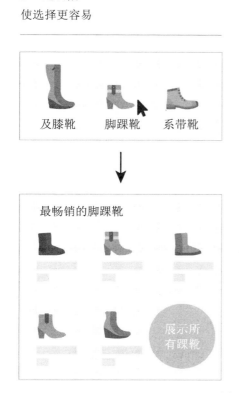

图 4-5

在左侧版本中，首先显示三个类别。接下来，每个类别只显示最畅销的 5 双鞋，并将其余的鞋隐藏在额外的点击之后。选项同样多，但更容易选择了。

简言之，要意识到做出选择是困难的，它需要访问者付出脑力劳动。减少同时提供的选项数量，以减轻访问者的选择压力，并提高他们的能力。

    减少同时显示的选项数量。

4.2.4   你应该记住什么

- 从众多选项中进行选择需要大量的脑力劳动。
- 选项过多可能导致访问者不作选择。
- 选项相似时更难做出选择。

4.2.5   你能做什么

- 减少同时显示的选项数量。
- 最好在每一步的客户旅程中提供 3 个选项，不要超过 5 个。
- 一种方法是删除选项。
- 另一种方法是对你的选项进行分类，例如，首先显示 3 个或 5 个最重要的选项，然后将其余的选项隐藏在额外的点击之后。

得到帮助时，人们会更容易、
更快速地做出选择。

4.3　提供决策帮助

回到 4.2 节的菜单满满的那个例子。既然不可能离开餐厅，你就会开始寻找做出选择的方法。例如，向服务员寻求帮助，然后服务员问你想吃辣的、甜的还是脆的，如果你很明确你的口味，那么选择就变得容易多了。

选择是困难的，不仅因为有几个选项同时都很有吸引力，还因为人们总是想做出正确的选择。尤其是当选择范围很大时，人们就需要一些帮助，这就是行为设计师要解决的问题。你可以通过以下方式帮助访问者：

- 分类
- 区分
- 筛选器
- 使用向导

下面将一一介绍它们。

4.3.1　让选择变得更容易（一）：分类

帮助访问者进行选择的第一种方法便是分类，将所有选项按照某种规则进行分组。例如，你可以将一系列线上课程分成：

- 初级课程
- 高级课程
- 专家课程

如果你的商店出售手机，你可以将手机分为：

- iPhone 设备
- Android 设备
- Pixel 设备

从形状、颜色、类型到价格、流行度和寿命，有很多方法可以对选项进行分类。让目标受众参与进来，找出最重要的分类标准。

4.3.2　让选择变得更容易（二）：区分

帮助人们做出选择的第二种方法便是区分。选择压力通常来自过于相似的选项。如果看不到区别，人们就会陷入困境，最后推迟选择。

区分的一种方法是制造价格差异。如图 4-6 所示，如果两包类似的口香糖价格完全相同，那么就很难做出选择。但如果你把其中一种产品的价格提高几美分，价格因素就成为一个理由，这使选择变得更容易了。

👍 这么做
不同的价格让选择变得更容易：
77% 的人会购买口香糖。

👎 不能这么做
相同的价格让选择变得更加困难：
46% 的人会购买口香糖。

图 4-6

如果你提供的产品非常相似，请强调产品设计中的差异。不要把重点放在它们的共同点上，而是说出它们的区别。

4.3.3　让选择变得更容易（三）：筛选器

筛选器是让选择变得更容易的第三种方法，为访问者提供选中、取消选中选项或功能的选择。这使得人们可以限制自己的选择。作为一名线上行为设计师，你可以通过设计一个带有标记的筛选器菜单来做到这一点。

我们曾为一家大型家电网店应用了这种筛选器。我们选择了快速筛选器，因为经验表明，筛选器太复杂并不能让选择变得更容易。

为了找出人们购买新洗衣机的决定性因素，我们随机咨询了 100 个人，询问他们购买洗衣机时三个最重要的考虑因素。从这项调查中，我们提炼出了洗衣机的十大特性，如"大型滚筒""超级静音""快速甩干"。接下来，我们设计了一个快速筛选器。只需单击一下"超级静音"这个选项，访问者就可以找到所有低噪音洗衣机，如图 4-7 所示。

图 4-7

　　这是一个微小的调整，却产生了重大影响。在引入这种筛选器后，做出选择的人数增加了 25%。图 4-8 所示的是，向访问者咨询他们购买洗衣机时最重要的考虑因素。

图 4-8

扫码看彩图

4.3.4　让选择变得更容易（四）：使用向导

使用向导是一种很有吸引力的筛选方式。向导是一种允许访问者组装自己产品的工具。访问者在填写了个人愿望之后，向导工具会根据个人愿望给出最终的结果。通过这种方式，你不用逐步地减少访问者的选择，而是一次性展示他们做出选择的结果。

你可以以简短采访形式"包装"这样一个向导：你要求访问者回答一些问题，例如他们如何使用手机这样的问题，如图 4-9 所示。基于这些个人愿望，各种型号的手机就会自动展示出来。这使得选择变得更加容易。

图 4-9

4.3.5　更多的转化和更好的客户体验

选择是困难的。人们的大脑不具备从许多选项中进行选择的能力。所以，人们通常喜欢让人帮忙。选择帮助不仅可以提高转化率，还可以改善客户体验。

通过分类、区分、筛选器或使用向导等方式帮助访问者做出选择。

4.3.6　你应该记住什么

- 当得到一些帮助时，人们会更容易、更快速地做出选择。
- 辅助决策是一种减少选择时付出脑力劳动的方法。

4.3.7　你能做什么

- 通过分类、区分、筛选器或使用向导等方法帮助访问者做出选择。
- 一种有吸引力的筛选形式是使用向导。

如果没有明确的偏好，人们通常会选择默认选项。

4.4　设置默认选项、预填项和自动补全

2009 年，当意识到越来越多的荷兰学生因陷入高额学生贷款而苦苦挣扎时，荷兰政府便希望阻止这一趋势。不是通过非常昂贵的活动，而是通过细微的调整。事实证明，更改申请表上的默认选项就足够了。

学生可以在荷兰教育管理局网站上申请学生贷款，最初，学生获得的是最高贷款额。这不仅仅是"一个"选项，还是一个默认选项。减少借款额度也是一种选项，但是需要学生主动选择较低的贷款金额。

政府决定改变这一点。此后，在获得绩效教育补助金后，学生不再以最高贷款额为标准，而是以最后一个月收到的绩效教育补助金为标准。为了增加贷款，他们必须积极地调整贷款金额。这一小小的调整产生了巨大的影响：在两年内，选择最高贷款额的学生比例从 68% 下降到 11%。

在线上环境中，如图 4-10 这样预先设定的标准选项被称为"默认选项"。如果访问者没有明确的偏好或不完全确定某一选项，他们通常会选择默认选项。他们认为，默认选项是专家们出于最佳意图确定的方案，因此，它也是我的最佳选择。

👍 这么做
有默认选项让选择变得更容易。

👎 不能这么做
没有默认选项使选择变得更加困难。

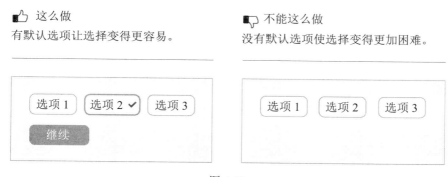

图 4-10

4.4.1　默认选项的两个方面

作为一名线上行为设计师，你可以利用这一点。如果你是以用户友好性为目的，那么你可以选择一个最适合访问者的标准选项作为默认选项。例如

荷兰教育管理局网站上更改默认选项就是一个很好的例子。

当然，你也可以引导访问者选择朝着你最希望的选项前进。以一个比较网站为例，它将为网站本身赢得最大收益的选项放在展示清单的顶部。这种情况下，用户友好性肯定就不再是出发点了。

我们自己也曾使用过一两次默认设置，将访问者引向某个选项。如图 4-11 所示，在一个彩票网站上，我们把"买 3 张彩票"作为默认选项，而不是通常的"买 1 张彩票"。这一调整虽然增加了平均客单价，但最终对销售产生了不利影响，因为从长期来看，回头客越来越少了。

 这么做

有默认选项时，更多的人买了 3 张彩票，而不是 1 张彩票，但回头客少了。

✋ 不能这么做
没有默认选项时，买 3 张彩票的人比买 1 张彩票的人少。

你想买几张彩票？

○ 1 张	● 3 张	○ 5 张
3000 万的 1 次机会	3000 万的 3 次机会	3000 万的 5 次机会

你想买几张彩票？

○ 1 张	○ 3 张	○ 5 张
3000 万的 1 次机会	3000 万的 3 次机会	3000 万的 5 次机会

图 4-11

4.4.2　让选择更方便

我们认为默认选项主要是为了方便访问者选择。最终，它成了提高用户转化率的原因。在设计中添加默认选项可以最大限度地降低怀疑风险，减少选择压力。

始终选择一个默认选项来匹配访问者需求。这样做可以节省访问者的行动和思考时间，他们也不会做出真正"错误"的选择。因此，你应该以标准结果让访问者满意的方式设计线上决策环境。

4.4.3　默认选项的另一种形式：预填项

默认选项的另一种形式就是预填项：根据存储的数据提前填写最可能的选项。如图 4-12 所示，你可以在线上表单中预先填写家庭地址作为收货地址，或预先选择最可能的国家作为访问者的国籍，从而节省访问者的时间和精力。

👍 这么做
预填项节省了访问者的时间。

👎 不能这么做
没有预填项，这为 99% 的访问者带来不必要的麻烦。

国家
● 美国　　○ 加拿大　　○ 其他

图 4-12

优步（Uber）公司成功地让预约行为变得更简单了。如果你经常预订同一类型的出租车，一段时间后，优步就将这个类型的出租车设置为默认选项，如图 4-13 所示。通过这种方式，优步让你更容易做出期望行为：预约出租车。

图 4-13

4.4.4　默认选项的另一种形式：自动补全

默认选项还有另一种形式——自动补全，即自动补全输入的数据。例如，如果你在 Google 上搜索查询，当你输入了三个字符之后，搜索引擎大概率就知道你要查询什么了。不是因为它认识你，而是因为之前已经有无数人问过同样的问题了。

Google 通过在输入部分搜索词后自动补全访问者最常用的搜索词，节省了访问者的思考时间。访问者的搜索词很有可能就在这些搜索词中，所以他们所要做的就是点击它。还有一个额外的效果：你显然不是唯一一个搜索这个问题的人，这是一种社会认同。这也会让你更有动力（详见 3.4 节）。

4.4.5　默认选项总是一个好主意

阅读完本章后，如果你想开始使用默认选项、预填项和自动补全，请先找出客户旅程中访问者必须在两个或更多选项中进行选择的时刻，然后决定是否可以将其中一个选项设置为默认选项。尽可能设置默认选项吧，因为即使你设置了默认选项，访问者也可以选择其他选项。因此，根据限定情况设置默认选项将对转化产生积极影响。

 为客户旅程中的每个选择都设置一个默认选项，预先填写信息，并通过自动补全加快数据输入速度。

"同类人"

你对访问者了解得越多，你就越理解他们，也就能更好地帮助他们。如果你有大量访问者，请使用访问者"同类人"的数据预先填写信息。

4.4.6　你应该记住什么

- 如果没有明确的偏好，人们通常会选择默认选项。
- 在线上环境中，预先设定的标准选项被称为"默认选项"。

- 默认选项可以节省访问者的脑力劳动。
- 默认选项还能防止访问者做出"错误"的选择。
- 预填项是指根据存储的数据提前填写最可能的选项。
- 自动补全是指自动补全输入的数据。

4.4.7　你能做什么

- 为客户旅程中的每个选项选择一个默认选项。
- 预先填写信息。
- 通过自动补全，加快数据输入速度。

我们发现，删除不必要文字后的文案更容易阅读。

4.5　抽积木技术

你以前可能玩过抽积木游戏，其玩法是从一座积木塔中取出尽可能多的木块，而不让它倒塌，如图 4-14 所示。所以，要想赢，你必须知道在哪里"拆除"。写文案时，你也可以使用这个原则。

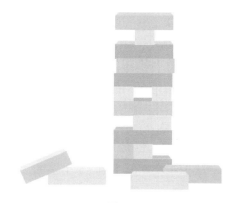

图 4-14

如你所知，提高能力可以确保访问者更快地做出期望行为，所以，线上行为设计师想尽可能地消除任何干扰因素。删除多余的文本就是一个很好的例子。我们发现，删除不必要文字的文本更容易阅读。删除文字最好的方法是使用抽积木技术。

4.5.1　宝贵的几秒钟

在详细解释这项技术之前，先简要介绍一些数字。你知道吗，人们的大脑需要 250 毫秒来处理一个词，就是一秒钟的一小部分。这听起来很快，但一个词只是一个句子、一段和一页的一部分。

以一个 250 字的网页为例，读完它需要一分钟以上的时间。对于一本书或一本杂志，一分钟的时间可能并不多，但在线上，一分钟就约等于永恒。在这一分钟内，可能有很多事情会打断访问者的客户旅程，例如一个电话、小孩哭了或快递员到门口了。因此，为了减少分散注意力的风险，你的文案一定要简短扼要。

4.5.2　像抽积木一样"拆字"

那么，抽积木是怎么起作用的呢？把你想要传达的信息想象成一座塔，这条信息通常会有一些不必要的词。就像抽积木一样，你可以"拆除"其中的很多积木。分析一下以下句子。

- 你是否希望在你的网站上获得更多转化？

你需要上个句子中的所有文字才能理解它所表达的信息吗？提出问题就要回答问题。下面是这个问题的另一种表述。

- 想要更多的转化？

从 17 个字到 7 个字：更短、更清晰、更有力。对于抽积木技术，我们使用的经验是将文本缩短至初始版本的一半大小。

4.5.3　从101字到35字

前面的例子是关于短文本的，但是抽积木技术也适用于长文本。看看下面这个例子是如何将文字从 101 个字减少到 35 个字的。

- 当你写作时，无论是写一个句子还是一整段文字，脑海中会浮现出很多词语，在你意识到前，你经常会创造出一段很长的文字。这就是为什么我们建议你找到那些可以省略的字。通常，你会发现你可以很容易地删掉超过 50% 的字，因为它们是多余的。

- 当你写作时，~~无论是写一个句子还是一整段文字~~，脑海中会浮现出很~~多词语，在你意识到前，~~你经常会创造出一段很长的文字。~~这就是为什么我们建议你找到那些可以省略的字，通常~~，~~你会发现你可以很容易地删掉超过 50%~~ 的字。~~因为它们是多余的。~~

- 当你写作时，你经常会创造一段很长的文字。找到那些可以省略的字，通常超过 50%。

4.5.4　消除冗余

厉害的抽积木玩家能够在塔楼不倒塌的情况下成功地清除多余的积木。优秀的线上行为设计师也是如此，他们可以去掉不必要的字，还能让内容保持清晰。

但是，这并不意味着你应该删除尽可能多的词。就像抽积木一样，这是为了消除"冗余"的东西。要设身处地为访问者着想，检查每一段文字中是否有不重要的词或句子。

小贴士：组织一次积木活动

有时候，删除那些倾注了全部心血的文字是相当困难的。所以，让"空白"团队成员参与进来。组织一次积木活动，让他们"拆除"你的文案。

最后，需要提醒一下。产品详情页之所以存在，就是为了让访问者了解产品信息，如果在产品详情页删除了信息，你的"高塔"可能就倒塌了。在这种类型的页面上，可以展示大量说明内容，但要保持简洁。这同样适用于内容营销中的长阅读。

 看看哪些标题、短语和段落可以省略。

4.5.5　你应该记住什么

- 我们发现，删除不必要的文字的文案更容易阅读。
- 删除不必要的文字和句子被称为"抽积木技术"。
- 抽积木技术使文本更简短，也更易读。

4.5.6　你能做什么

- 查看哪些标题、短语和段落可以省略。
- 我们的经验法则是通常可以将一段文案缩短至初始版本的一半大小。
- 产品详情页中的内容不能删得太多。

当被与任务无关的因素分散注意力时，
人们很难集中注意力。

4.6 消除干扰

设想一下，你正忙于运算时，你的同事一直在问你问题；或者你正在看一本白皮书时，你伴侣播放的音乐声音很大；又或者你正在创作一本书，电话一直在响。所有的干扰都会对你的行为产生抑制作用。线下这样，线上当然也会如此。

4.5 节介绍了如何删除文案中多余的文字。然而，需要消除的内容不仅仅是文字。访问者也会被所有与期望行为无关的干扰因素拖慢进度。

4.6.1 确定没有坏处吗？还是再想想吧！

许多线上设计师在首页和产品页中添加了很多内容，如公司新闻、三篇阅读量最大的博客、社交媒体上的最新内容等页面上并不重要的内容。无论是有意识地这么做还是无意为之，设计师都会想：这么做反正没有坏处！

但真的没有坏处吗？本书前面讲过竞争性提示会造成不必要的干扰。这就是你应该看待这些额外内容的态度，额外内容即需要访问者付出额外脑力劳动的元素。不论是阅读还是忽略这些内容，都需要脑力劳动。换言之，它肯定有弊端！

4.6.2 实践案例

一家大型银行的兑换经理分享了他成功的经历。通过实验，他删除了网页上的大量介绍，这些内容大多数都是多余的，它们之所以存在，是因为内容管理系统（网站的"后端"）中有一个强制输入字段。结果证明删除是正确的：整体转化率提高了 10% 以上。

再来看看另一个例子，如图 4-15 所示，"模拟城市"网站在移除促销横幅后销售额增加了 43%。

👍 没有横幅

消除不必要的干扰后销售额增加了 43%。

👎 有横幅

不必要的干扰会降低社交欲望。

图 4-15

4.6.3　专注于期望行为

如果你想通过提高访问者的能力进而提高转化率，那么最好的方法就是专注于期望行为。一种方法是只提供一个选项，图片、导航菜单、下载按钮等其他一切东西只会分散访问者的注意力。因此，当访问者进入付款页时，不要再展示替代产品来分散他们的注意力，让他们安静地结算即可。

4.6.4　删除分散注意力的内容

你可能在呐喊：我的线上环境怎么了，删掉那么多还能剩下什么？但是，为了消除干扰，有些内容必须删掉，如图 4-16 所示。虽然很舍不得，但是必须这么做——删除分散注意力的内容。确定大多数访问者的目的，并为他们铺平道路。这是提高转化率最高效的方法。

扫码看彩图

图 4-16

修剪

在删除分散注意力的内容时，你可以换一个角度从远处审视自己的作品。你也可以让其他人设身处地从访问者的角度出发，帮助你"修整"线上环境。

　　　消除一切干扰期望行为的元素。

4.6.5　你应该记住什么

- 当被与任务无关的因素分散注意力时，人们很难集中注意力。

4.6.6　你能做什么

- 消除一切干扰期望行为的元素。
- 将设计重点放在期望行为和实现路径上。

人们需要确认他们是否在正确的轨道上。

4.7　提供反馈

试想一下，你把一个苹果从肩上往后抛了过去。一会儿，你听到一声沉闷的砰砰声，你知道苹果落地了。但是如果你什么声音都没听到呢？你就会怀疑那个苹果是否真的落地了。

当按下键盘上的一个按键时，人们希望屏幕上会出现一个对应的字母。按下电灯开关，灯应该会亮起来。把一个苹果从肩上向后抛过去，也应该有一个声音让人们确认苹果确实落地了。如果没有得到相应的反馈，人们就无法解释发生了什么，就会感到困惑。

总而言之，人们在做出行为时需要确认信息。

4.7.1　用反馈来激励访问者做出期望行为

本书的前面章节介绍了如何使用反馈来激励访问者做出期望行为（详见3.8节）。从绿色对勾到赞美，每一次表扬都会激发并维持积极的情绪。因此，访问者的每一步客户旅程都是一场庆祝派对，这将激励他们继续前进。

4.7.2　提高访问者的能力

反馈在行为设计中还有另一个功能：使线上环境更自然、更容易。一方面，可以不断地为访问者提供反馈；另一方面，让他们知道他们所做的事情是对还是错。通过这种反馈，可提高访问者的能力，增加转化的机会。

4.7.3　反馈信息要贯穿整个客户旅程

线上的访问者在不断地向身后扔苹果，他们每次都想听到苹果落地的声音。这个声音就是你需要给他们提供的反馈信息，这些信息让他们能够更清楚明白地继续他们的旅程。以下是客户旅程中不同阶段的例子：

- 当他们想出一个合适的密码时，显示"此密码足够强大"。

- 当表单字段填写不正确或不完整时，以友好的方式显示错误消息。
- 操作成功后，弹出成功信息窗口。
- 进度指示器显示哪些步骤已完成，哪些步骤有待完成。
- 电子邮件说明线上订购已成功。

4.7.4　反馈信息可以消除不确定性

一般规则是，访问者不确定的感觉越强，你就应该给出越多的反馈。不要担心太过夸张，特别是当涉及客户旅程中的关键选择时，访问者喜欢知道确定的事情。

当人们必须决定是否购买产品时，他们最需要的是反馈。我选对尺寸了吗？我有没有把那件衬衫从购物车里拿出来？我输入的地址正确吗？通过让人们检查以上所有内容，就可以消除访问者大部分的不确定性。

以预订机票为例。大多数旅行者都知道，为了避免出现问题以及高昂的更改成本，你需要准确地输入身份证号码等详细信息。因此，航空公司的线上行为设计师应该在预订过程中持续显示身份证号码的详细信息，或者，至少让访问者有机会检查输入的数据。

4.7.5　负面反馈也能帮助访问者

访问者只是普通人，也会犯错，例如在填写表单时填错了信息，这时，你需要给出负面反馈。不能是批判的或蛮横的，而是要以帮助的、激励的态度去反馈信息。当然，如果你想做得更好，那么甚至可以夸奖。

1. 批判的

电子邮件地址丢失了！

2. 蛮横的

输入有效的电子邮件地址。

3. 帮助的和激励的

我们需要你的电子邮件地址才能向你发送确认信息，如 john@example.nl。

4. 夸奖

你已经完美地完成了所有的事情，现在只需要填写电子邮件地址，如

john@example.nl。我们需要向它发送电子邮件以方便您查看确认信息。

第一个例子就是明显的负面反馈。当你的咖啡中没有放糖时，你并不会对着服务员大吼："怎么没有糖？"第二个例子也有改进的空间。例如，"有效"是一个典型的 IT 词汇。老实说，你对那些经常对你发号施令的人有什么感觉？第三个例子清楚地表明，你希望帮助访问者，同时，你还明确了他们还需要做什么。这很友好，对吧？但第四个例子是最适合的，它注意到了截至目前为止一切事情进展都很顺利。带着一点善意，你也可以把一条错误消息"框"成一句赞美（如图 4-17 所示）。

扫码看彩图

图 4-17

4.7.6　反馈要贯穿客户旅程

反馈要贯穿客户旅程，无论是积极的反馈还是消极的反馈——作为一名行为设计师，你永远不要让访问者自己判断自己的表现是否良好。他们在这件事上思考花费的每一分钟，都会影响他们做出你期望的行为。

分析你的客户旅程，并为访问者的所有行为或意见设计反馈信息。一个好的方法是让你的反馈在行动后立即可见，并在客户旅程的每一步都显示出来。确认的速度越快，访问者就越有信心继续客户旅程。这一原则适用于每一步。

通过快速、适当的反馈消除客户旅程各个环节的疑虑。

4.7.7　你应该记住什么

- 人们需要确认他们是否在正确的轨道上。
- 确认的一种形式就是反馈。
- 行动后的反馈意味着访问者不需要再思考他们做的事情是否正确。

4.7.8　你能做什么

- 通过快速、适当的反馈，消除客户旅程中各个环节的疑问。
- 访问者的不确定感越强，你就需要给他们越多反馈。
- 可以向访问者提供负面反馈，但要以帮助和激励的方式，甚至是赞美的方式。

如果人们知道可以撤销自己的行为，
他们就不会那么犹豫。

4.8　提供可逆性

可能每天都有几封资讯邮件杂乱地堆放在你的收件箱或垃圾邮件夹里，这大概率是因为你当初毫不费力地订阅了资讯邮件。但你当初为什么要订阅呢？因为这种行为是可逆的。

可逆性是指如果人们事后后悔，可以把购买的东西退回去。如果人们知道可以退回到上一步，就不会害怕作决定了。这就增加了转化的机会。

取消、退订、换货担保，在网络世界中，越来越多的公司发现了可逆性的力量。例如，他们会告诉你，你可以：

- 一键取消订阅。
- 14 天内免费退货。
- 随时免费取消订阅。
- 提前 24 小时可免费取消酒店预订。
- 无条件退款。

4.8.1　不要害怕传达可逆性

产品经理有时不愿意传达可逆性，他们认为不应该给访问者灌输退货的想法。这是可以理解的，因为退货是一项成本很高的业务。然而，本书前面提过，设计行为与设计信息不同。通过强调可逆性，你可以增加转化的机会。更重要的是，即使你不传达这种可逆性，你的竞争对手也会传达这种可逆性。

盖普（GAP）和亚马逊等大型网站商店充分地传达了可逆性，他们的客户可以免费且非常方便地退货。事实上，可逆性已经成为它们说服原则的重要组成部分。同时，它们会告诉访问者如何做出选择，例如如何挑选合适的尺寸，达到尽可能减少退货数量的目的，进而达到共赢。

4.8.2　交易中、界面中都可以传达可逆性

到目前为止，本书一直在讨论交易级别可逆性的应用。但是作为一个线

上行为设计师，你也可将这一原则用在界面上，优化你的线上环境。你可以这样做：在客户旅程的每一步，访问者都可以调整他们的订单，或在无须重复输入数据的情况下，确保他们可以随时返回上一步。

对于填错信息的访问者来说，返回上一步去修改错误就很方便。具备"撤销"功能（Ctrl+Z）是用计算机能够取代打字机的主要原因之一。

4.8.3　如何应用可逆性

要应用可逆性，先从分析客户旅程开始。了解访问者在何处需要进行具有社会或经济影响的行为，例如图 4-18 中"上传你的头像"或"确认订单"，在这里需要向访问者强调这种选择是可逆的。

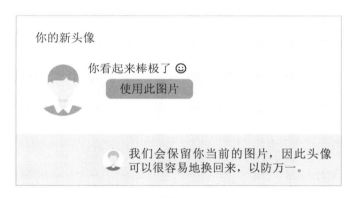

图 4-18

 强调访问者做出的选择是可逆的。

4.8.4　你应该记住什么

- 如果人们知道可以撤销自己的行为，人们就不会那么犹豫。
- 你可以在交易中或界面上应用可逆性。

4.8.5　你能做什么

- 强调访问者做出的选择是可逆的。

人们喜欢自动浏览和阅读。

4.9　清晰的页面结构

不友好的线上环境会增加访问者的操作难度，如不清晰的结构、丢失的信息、隐藏的行动要求。如果操作很困难，访问者就会离开，也许他们再也不回来了。这就是一个合乎逻辑的页面结构可以吸引更多访问者做出期望行为的主要原因。

人们的大脑喜欢结构。呈现给人们的信息越有逻辑，他们就越能更好地处理它。行为越简单，发生的可能性就越大。本章将讨论四条指导原则，这将使访问者更容易浏览和理解线上页面：

- 层次结构
- 规律
- 栏
- 并列

4.9.1　层次结构：尽可能扁平化

一个页面应该清楚表达其中哪部分是最重要的。这就是你应该清楚区分"章节"和"子章节"的原因。设计时不要超过两个层次，否则设计就变得太复杂了。或者说，使层次结构尽可能扁平化。详看图 4-19。

👍 这么做

最多有两层结构。

👎 不能这么做

超过两层结构。

图 4-19

4.9.2 规律：清晰一致

规律与层次结构的视觉设计有关。通过一致且有节奏地组织内容块，访问者会更快地了解线上环境的运作方式。最后，他们将毫不费力地使用它。

例如，赋予每个内容块相同的顶部布局，相同位置有着相同字体字号的标题。访问者看完一个内容块后会立即看到下一个内容块，他们只需要阅读标题就可确定是否要滚动鼠标或点进去阅读下一个内容块。

内容各不相同，但内容块清晰的边缘帮助访问者发现规律。为了保持良好的视觉规律，应在两个内容块之间保持相同的距离。请看图 4-20 这一例子。

👍 这么做

本例中的标题大小相同且都是左对齐，段落的字体字号也保持一致，每个块的背景颜色都会系统地改变。在滚动时，人们的大脑可以更容易、更快速地知道新内容块的开始位置。这节省了脑力劳动，提高了能力。

👎 不能这么做

本例中的标题和内容段落有不同的字体字号，对齐方式也不同。在滚动时，人们的大脑必须花费更多的精力来寻找新内容块的开始位置。

图 4-20

4.9.3　栏：一栏比两栏、三栏更好

如何显示文本成为许多线上行为设计师的难题。你自己是否也有过这样

的经历？你是如何解决的呢？一栏、两栏还是三栏？我们的建议是，如果拿不准，且没有充分的理由分成多栏的情况下，请选择单栏。

多栏网站要复杂得多。手机界面因其简单性而受到称赞是有原因的：部分是因为手机界面不可能使用多栏。如果使用一栏，你可以控制访问者如何浏览线上环境：从上到下或从下到上。如果是两栏或多栏，你就失去了主动权。

这并不代表在任何情况下将所有内容都放在一栏都是最好的，但它确实是访问者付出脑力劳动最少的。人们的眼睛只能朝一个方向看。只有一栏时，他们不需要决定要朝哪个方向看。况且，手机已经让人们习惯了滚动浏览一栏式的长页面。所以，单栏是提高访问者能力的最佳选择。请看图 4-21 这一例子。

这么做
单栏

不能这么做
多栏

图 4-21

4.9.4　并列：把同类项放在一起

最后，谈谈并列。并列在拉丁语中是"旁边"的意思。它们之间的距离越近，人们就越快地将它们视为一个整体。它们之间的距离越远，人们就越早将它们视为独立的元素。图 4-22 能清楚地表明这一意思。

图 4-22

通过正确方式"并列"元素，访问者能够更轻松地浏览和理解线上页面，这意味着：

- 行动要求最好放在有说服力的文本的下方或右侧。
- 最好不要将标题放在离内容太远的地方。
- 标题与内容之间的距离最好小于标题与前一个内容块结尾之间的距离，请看图 4-23。

👍 这么做　　　　　　　　　　　　　👎 不能这么做

确保标题更接近其包含的内容。　　　标题与其包含的内容之间的距离，和
　　　　　　　　　　　　　　　　　标题与其他内容之间的距离一样远。

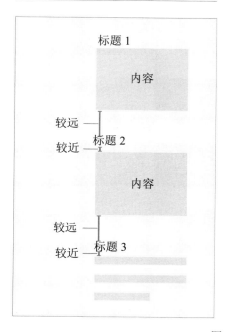
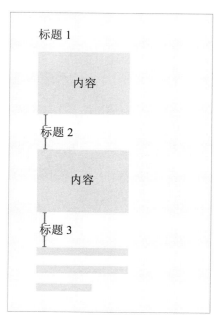

图 4-23

如果做不到这一点，访问者的大脑将需要付出额外的精力以确定哪个内容对应哪个标题。

这是合乎逻辑的，但有时设计师无法抗拒获得创意奖的诱惑而没有这样做。这时，访问者就必须花费时间去思考了。

User In Yer Face 网站

比利时设计机构 Bagaar 对构建页面时可能出现的所有问题都进行了有趣的研究。User In Yer Face 网站故意犯了线上行为设计师的每一个错误。看看图 4-24 的例子，这些复选框似乎属于它们上面的图片，只有当点击它们时，你才意识到这些复选框属于下面的图片。

图 4-24

4.9.5　新手入门

如果你想改善现有的网站、App 或邮件的页面结构，你应该确保你已经掌握了层次、规律、栏和并列的原则。如果你打算设计一个新的线上环境，设计之初就应把这些原则牢记在心。

　　在一栏中使用层次结构和规律来组织信息，并将同类项放在一起。

4.9.6　你应该记住什么

- 人们喜欢自动浏览和阅读。
- 呈现给人们的信息越有逻辑，人们就越能更好地处理它。

4.9.7　你能做什么

- 在一栏中使用层次结构和规律来组织信息，并将同类项放在一起。

人们喜欢不费心力的东西。

4.10 不要让我思考

产品详情页上通常会写订单将在"三日内"送达。知道这方面信息很好，但访问者必须自己计算一下收货日期：今天是星期五，三天后是星期一还是星期二？三天时间包括今天吗？真麻烦。

最终访问者会知道订单到底是什么时候送达的，也许很快。不过，这仍然需要思考或推算。如果网站直接告诉访问者订单会在下周一或下周二送达，这样访问者就不用再去思考这个问题了。

可能需要一些精力来编写一个根据订购时间计算预期交货日期的程序，但这确实是值得的。你为访问者执行的步骤越多，你的能力就越强，你所获得的转化率就越高。

4.10.1 现成的答案

让访问者尽可能少思考的一个好方法就是准备现成的信息。你为访问者节省的每一分精力，都会让他们离点击、行动或购买更近一步。

这被称为"不要让我思考"原则。这个原则基于这样一种观念：人们喜欢不思考或者尽量少思考。美国网页设计师史蒂夫·克鲁格（Steve Krug）在 2005 年写了一本同名畅销书（*Don't Make Me Think*）。这一原则为优化线上环境提供了无数的可能性。本章将讨论其中三个：

- 避免使用行话。
- 从访问者的角度写文案。
- 不要让访问者做数学运算。

1. 避免使用行话

如果你想在线上购买保险，你很有可能是从"产品"中选择了一款。这时，保险公司通常会提及它们提供的各种保险。在行业内，"产品"可能是一个通用术语，但在行业外它会引发一些不必要的问题。因为，当网站的访问者看到"产品"这个词时，他们不太可能会联想到保险。

为了避免这种歧义，最好避免使用行话。"产品"不仅是专业术语，也是员工之间的典型语言，但外界并不清楚。通过展示访问者容易理解的语言，你可以让他们更容易表现出期望行为，而不是用毫无意义或未知的专业术语骚扰他们。

- 不要说：交易完成。

  要说：付款成功。
- 不要说：选择以下产品之一。

  要说：选择订阅我们的报纸。
- 不要说：此字段为必填字段。

  要说：请输入你的出生日期。

2. 从访问者的角度写文案

作为一名线上行为设计师，你不是为自己写文案，而是为访问者写文案。从访问者的角度出发，通过文案明确地描述某件事对他们的意义。这听起来很容易理解，但行为设计师还是会不由自主地倾向于从自己或公司的角度思考，而不是从访问者的角度思考。因此，在实践中设计师在这方面经常出错。

举个例子，你正在介绍一款移动电源的规格。你决定介绍它有多强大，但是访问者仍然需要弄清楚它到底有什么好处。你该如何帮他们弄清楚这个问题呢？明确告诉他们这款移动电源可以给手机充几次电即可。

- 不要说：这款移动电池容量为 20000 毫安时。

  要说：有了这个移动电池，你可以给你的手机充六到七次电。这不是一个普通的充电器。

  （大多数人并不知道 20000 毫安时是多还是少。）
- 不要说：我们已将你的订单号 3434343 转移到送货服务。

  要说：你的订单正在按计划进行，你的书将于明天 14:00 至 16:00 送达。

  （访问者对物流链的运作方式不感兴趣，他们只想知道什么时候可以收到什么产品。物流链的运作方式是作为行为设计师应该关注的事情）。

3. 不要让访问者做数学运算

第三种让访问者尽可能少思考的方法是不要让他们做数学运算。明确交付日期就是一个例子。最好是你已经替他们做了这件事。

- 不要说：你距离指定位置还有 6 英里。

  要说：从这里出发，开车只需 6 分钟（6 英里）。

- 不要说：在晚上 11:59 之前下单。

  要说：在接下来的 24 分钟内下单。
- 不要说：你还有 4 天 3 小时 2 分钟的时间可以下单。

  要说：在 7 月 24 日 21:59 前下单。

小贴士：如果访问者离最后期限还有三个小时以上，你不应该提及任何剩余时间。在这种情况下，提及"按时间排序"需要更少的思考。

4.10.2　新手入门

应用"不要让我思考"的原则可能是一件代价高昂的事情。你可能需要编程，以实现定制的计算，或者将产品名称转化为口语，例如"你的洗衣机"而不是"你的意黛喜 300 涡轮增压 Plus 45545"。一般规则是，前端的交互越简单，后端的开发就越复杂。幸运的是，你可以从小的调整开始。在线上环境中体验客户旅程，你很可能会找到让访问者少思考的机会。

 节省访问者思考和研究的时间。

4.10.3　你应该记住什么

- 人们喜欢不需要想太多或不太难的东西。
- 你为访问者节省的每一分精力，都会让他们离点击、行动或购买更近一步。
- 前端越简单，后端越复杂。但你的努力总会有回报的。

4.10.4　你能做什么

- 节省访问者的思考和研究时间。
- 避免使用行话，从访问者的角度写文案，不要让他们做数学运算。

如果人们已经知道某些事情的运作方式，
人们就不必费那么多心思了。

4.11 熟悉原则

购物车在哪？在右上角。引导我进入主页的公司标记呢？在左上角。联系方式页呢？始终在主导航的最后一项。如今，许多设计元素在网站上都有固定的位置。作为一名线上行为设计师，你需要遵守这些惯例。如图 4-25 所示，上图就像熟悉的网站，操作顺手；下图就像异于寻常的网站，会增加访问难度，降低访问者的能力。

扫码看彩图

图 4-25

你可以把它比作开车，人们开车时主要是使用自动模式，也就是说，此时是系统 1 活动。然而，如果一个美国人在英国开车，系统 1 通常不足以让他从 A 地开到 B 地。因为这时他必须开始思考：靠左行驶，靠左换挡，靠右下车。尽管这一切只是镜像了一下，但驾驶却需要系统 2 来完成。

4.11.1　雅各布定律

访问者有时会在网上体验到类似的事情。当他们访问一个与他们熟悉的网站不相似的网站时，由于缺乏可识别的结构，他们会发现很难使用这个网站。为此，美国网站可用性先驱雅各布·尼尔森（Jakob Nielsen）为用户体验设计师制定了一项严格的"法则"：

"访问者将大部分时间花在其他网站上，而不是你的，这意味着他们更希望你的网站与他们已经知道的所有其他网站有着相同的工作方式。"

记住雅各布定律，作为一名线上行为设计师，你要使用访问者熟悉的设计模型。

对于富有创造力的人来说，适应大众是件痛苦的事情；他们对创意有着天生的渴望，喜欢根据自己的喜好设计网站，或者希望在设计中展示一定的个性。但为了让访问者更容易使用，他们必须遵守雅各布定律和熟悉原则。总之，行为越简单，转化的机会就越大。

4.11.2　无穷无尽的惯例

本章已经强调了一些惯例，所有线上行为设计师最好遵循这些惯例。实际上，这些惯例的数量有很多，几乎是无穷的，它们或多或少都是自发出现的。下面的一些惯例供你参考。

- 未在主导航中列出的链接，可以在页脚中找到，因为它们涉及的是不太重要的项目。
- 在网店中，产品价格显示在订单按钮上方和产品图像右侧。
- 在 App 中，重要导航的快捷方式通常在底部。
- 行动要求在其所属文本下方列出。
- 子导航通常水平设置在顶部，或垂直设置在左侧。

通过仔细研究最知名、访问量最大的网站的布局，你可以很容易发现熟悉的力量。如果你采用它们的设计模式，很可能会得到更高的转化率。

　　使用访问者熟悉的设计模式。

4.11.3　你应该记住什么

- 如果人们已经知道某些事情的运作方式，人们就不必费那么多心思了。
- 你越偏离访问者熟悉的设计模式，访问者就越难接受。
- 熟悉的设计模式更容易使用。
- 这被称为"熟悉原则"。

4.11.4　你能做什么

- 使用访问者熟悉的设计模式。
- 分析访问量最大、最知名的网站，并采用其设计模式。

人们预期做某件事花费的精力越少，
就越有可能开始做这件事。

4.12　预期工作量

你是否收到过一封电子邮件，其中包含你想阅读的线上文章？即使你没有充足的时间，你也会快速浏览一眼。简介很吸引你，但你必须要离开了。当你想关闭它的时候，你看到一句话"阅读时间：4 分钟"。不知不觉中，你已经开始阅读了。

说明一篇文章的阅读时间是预期工作量原则的巧妙应用。如果你这样做了，你就可以通过强调它根本不会花费太多的精力或时间，或者比人们预期的要少，来促进那些看似困难的行为发生。当访问者必须做一些未知的事情时，这个办法尤其有效。

4.12.1　减少预期工作量的方法（一）：巧妙的文案

巧妙的文案是减少预期工作量的好方法。举几个例子：

- 阅读时间：2 分钟。
- 创建配置文件只需 30 秒。
- 只需三个简单步骤即可完成你自己的设计。

4.12.2　减少预期工作量的方法（二）：精心的结构

你还可以在提供任务的结构中找到解决方案。假设访问者必须注册一个程序，但该程序由 15 个步骤组成。如果访问者一开始就知道注册需要 15 个步骤，他们很有可能立该退出。因为 15 步需要花费的时间太长了！但是如果你把这 15 个步骤分成 3 块，每块 5 个步骤，注册就会变得容易多了。长表单也是如此，你也可以把它们切成很多小块。

4.12.3　用额外动力激励访问者

分割结构可以让你有更多的机会用其他方式激励访问者。例如，在不同的步骤中给予他们积极的反馈，例如"干得好！"（详见 3.8 节）；通过使用社会认同，例如"95% 的客户在 2 分钟内配置了他们的资料"（详见 3.4 节）。这些都能给访问者一个正面助力，促使他们开始任务。

4.12.4　预期工作量也适用于不太积极的访问者

根据预期工作量原则，你也可以给不太积极的访问者最后一些助力，让他们继续进行期望行为。要做到这一点，就要从一开始明确表明他们可以随时暂停任务。

如果你想开始使用这一原则，就要先找到访问者害怕或容易劝退他们的行为，比如注册程序和填写长表单。在这些地方，让他们知道工作量并不像听起来那么多，他们可能会更快开始这项工作。有意思的地方在于，一旦访问者开始了行动，他们就很有可能完成他们的任务（详见 3.6 节）。

 通过明确一项任务根本不会花费那么多精力或时间，减少访问者的预期工作量。

4.12.5　你应该记住什么

- 人们更可能从预期花费更少精力的事情开始。
- 这被称为"预期工作量原则"。
- 一旦开始做某件事，人们就很有可能完成它。

4.12.6　你能做什么

- 明确一项任务根本不会花费太多精力或时间，减少访问者的预期工作量。
- 明确阅读时间或将多个步骤分为小块，例如使用表单。
- 对于不太积极的访问者，要明确表示他们可以随时暂停任务。

当事情变得困难后，人们更有可能放弃。

4.13　为不期望的行为增加难度

你是否注意到"订购"按钮通常比"取消"按钮更大、更易于操作？弹出窗口的"关闭"按钮通常比旁边的"确认"按钮要小？这绝不是巧合。这两个巧妙的例子说明了线上行为设计师如何为不期望的行为增加难度。

到目前为止，我们一直在讨论行为设计师该如何促进期望行为，但有时反其道而行之会更容易：让不期望的行为变得更加困难。这是因为福格行为模型是双向的，如果让事情变得更容易，实现期望行为的机会就会增加，但如果让事情变得更困难，实现不期望行为的机会就会减少。看看图 4-26 这个例子是怎么做的，在这里确认要比关闭窗口容易得多。

图 4-26

在日常生活中，人们通常也会让不期望的行为难以发生。举个例子，没喝完的啤酒杯通常不便于随处放置，所以男人们更可能做出期望的行为：不带着啤酒杯去厕所。

另一个例子可以在精心设计的菜单上找到。餐馆老板更喜欢客人根据自己的口味来选择菜肴，而不是根据钱包来选择。所以，菜品的价格从来不按照价格的高低排序，而是混排的，这就让基于价格而作选择这种不合需要的行为变得更加困难。

4.13.1　线上运用情况介绍

线上环境中也会发生同样的情况。我们有很多好例子，但也有很多不太好的例子。为了区分这一范围，我们将其分为三类：高尚的、中立的和有问题的运用。

1. 高尚的运用——人人受益

- 要求用户输入两次他们的电子邮件地址，这样就很难出错了。
- 玩了一小时后，自动关闭会上瘾的应用，这就不能让人再继续玩了。

2. 中立的运用——作为说服过程的一部分，提供一点指导

- 付款页不使用导航按钮，在该阶段继续购物就变得更加困难。
- 缩小否定选项的按钮，使点击否定选项更加困难。

3. 有问题的运用——太过分，让人失望

- 默认勾选"购买旅行保险"选项，使在购买机票时不购买旅行保险这个行为更加困难。
- 要求 Facebook 用户从一个长长的清单中选择一个退订的原因，这会让退订变得更加困难。

这就给我们提出了应用这个原则的一个条件：如果访问者也不喜欢这个行为，那么你就应该让该行为变得更加困难。

4.13.2　什么是不期望的行为

作为一名线上行为设计师，你会不断思考你希望访问者做什么，相反，考虑你不希望他们做的事情也是明智的。什么是不期望的行为？你怎样才能阻止访问者这样做呢？如果一个选项对你和访问者来说都是不受欢迎的，你就必须让它成为一个困难选项。

 使你和 / 或访问者都讨厌的行为变得更加难以实施。

4.13.3　你应该记住什么

- 当事情变得困难时，人们更有可能放弃。
- 有时，你可以通过增加不期望行为的难度来增加期望行为发生的概率。

4.13.4　你能做什么

- 使你或访问者讨厌的行为变得更加难以实施。
- 因此，定义你不希望访问者做的所有行为。
- 看看你是否能以一种合理且合乎道德的方式让这种行为变得更加困难。

第 5 章
如何设计能影响访问者的选择

5.1　什么是选择架构

第 4 章中的默认选项不仅可以简化选择行为，还可以引导选择行为。除了默认选项，行为设计师的工具箱中还有其他原则能影响选择行为。如何说明所作的选择在这里起了重要作用呢？这就是我们称为"选择架构"的原因。

本书的前面已经对比了行为设计师和建筑师这两种职业，就像建筑师使用物理原理来设计建筑一样，行为设计师也可以使用心理原理来设计选择或选择集合。接下来将介绍可用于此目的的五个原则。

（1）霍布森 +1 原则

考虑在期望行为之外提供第二个选项。

（2）锚定原则

通过使用前后对比或左右对比，确认你的价值感更高或更低。

（3）极端厌恶原则

如果可行，将 "极端"选项放在选择组合的两侧。

（4）诱饵原则

在你的选择中添加一个"丑哥哥"，以显示你希望的选项是多么有吸引力；当然还要遵循你自己的道德指南。

（5）小助力原则

在你希望访问者选择的一两个选项上添加一个小小的推力。

如果你仔细应用这些原则，访问者就更有可能表现出期望行为。说明一下，当访问者没有强烈的偏好时，使用这些原则才有效。换句话说，你帮助他们作选择。

如果只能提供一个选择，行为设计师也需要考虑"什么都不做"这个选项。

5.2 霍布森 +1 原则

托马斯·霍布森（Thomas Hobson）有一家快递公司，负责在剑桥和伦敦之间递送邮件。如果业务不多，他就把马租给学生。当学生来到他广阔的马厩时，有几十匹马可供选择。至少，人们是这么以为的……霍布森有一条原则——顾客只能在离门最近的马厩里选马。你会怎么做？租还是不租？

令霍布森高兴的是，他的许多顾客都选择了前者，他阻止了自己最好最快的马总被选中的命运。他对客户说："要么接受，要么放弃。""霍布森选择"仍然是一个著名的英语表达方式，或多或少地强迫你做出了"自由"选择。

这在当时可能是一个明智的举措，但在网上提供单一的选项并不总是最好的解决方案。对访问者来说，"什么都不做"通常也是一个值得考虑的选择。特别是在访问者只需点击几下就可以进入下一家网店的情况下。今天的顾客也不需要步行几小时才能到达下一个马厩。

这就是为什么在默认选项中添加第二个选项会很有帮助。这会将注意力转移到这两个特定选项上（如图 5-1 中第二幅图所示），并将焦点从"什么都不做"选项上移开（如图 5-1 中第一幅图所示）。这一原则被称为霍布森 +1 原则，这是荷兰消费者心理学家巴特·舒茨（Bart Schutz）创造的术语。

扫码看彩图

图 5-1

5.2.1　添加第二个选项

你可以在许多线上环境中应用霍布森 +1 原则，毕竟你希望访问者去执行某些行为：确认、订购、下载、登录、联系等，通常都可以为这些行为添加第二个选项。

如图 5-2 所示，在一封荷兰银行的客户满意度调查邮件中，我们就这么做了：添加一个额外选项，将"是的，我可以"按钮的点击转化率提高了一倍。

👍 这么做
提供第二选择，这样"什么也不做"的选择就不那么重要了。

👎 不能这么做
只提供一种选择。

图 5-2

5.2.2　在客户旅程中寻找单一选择

你的任务很简单，找到访问者在客户旅程中遇到的所有单一选择，并尝试添加第二个选项。然后，测试转化率是否有所提高。

图 5-3 是一些启发灵感的例子。

图 5-3

最后，有三个实用技巧。第一，把这两个选项放在一起。这样访问者就可以同时看到它们，并一起考虑它们。如果你把它们放得太远，则"什么也不做"这个选项仍然可能出现。第二，确保这两个选项在内容方面也相匹配，例如"好的，我可以"和"以后再说"。如果它们不匹配，则"什么都不做"仍然是替代选项。最后，给期望选项更多的视觉关注，让选择更容易。

只有一个附加选项

为什么只有一个附加选项，而不是两个、三个或四个？因为有了多种选择，访问者可能会害怕做出"错误"的选择，而错过一些东西。怀疑拖慢了访问者的脚步。所以，最好从尝试一个附加选项开始。

　考虑在期望行为之外提供第二个选项。

5.2.3　你应该记住什么

- 如果只提供一个选择，行为设计师也需要考虑"什么都不做"这一选择。
- 如果有两种选择，人们就会将注意力转移到这两种选择上，而"什么都不做"这个选择就不重要了。
- 这被称为"霍布森 +1 原则"。

5.2.4　你能做什么

- 考虑在期望行为之外提供第二个选项。
- 提供两个相似的选项，确保它们在内容上匹配。
- 第二个选项的视觉强调程度要低于第一个选项。

在评估价值时，人们会受到周围事物或刚看到的事物价值的影响。

5.3　锚定原则

2010 年史蒂夫·乔布斯在推出 iPad 时，所有人都想知道这款设备的价格，但他一直将价格保密到演讲结束后才公开。然而，在演讲时，他身后的大屏幕上显示了一个"随机"数字，999 美元这个数字显示了半小时，如图 5-4 所示。当乔布斯宣布实际价格后，参加发布会的人都松了一口气。最便宜的 iPad 仅 499 美元，最贵的也只有 829 美元。

乔布斯让他的观众习惯了一个高价（锚）。

因此，最后实际价格被认为更便宜。

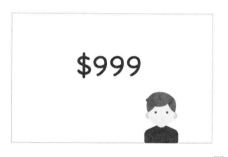

	16GB	32GB	64GB
WIFI	$499	$599	$699
WIFI +3G	$629	$729	$829

图 5-4

乔布斯巧妙地利用了心理学所说的"锚定"。他让参加发布会的人充满了期待，即"锚"，之后，虽然最后的价格仍然很高，但要低于预期。

丹·艾瑞（Dan Ariely）在一个著名的实验中证明了这一点。他让他的学生预估几种产品的价值，例如一瓶葡萄酒。但首先，他要求他们写下身份证号码的最后两位数字。然后，他问学生们是否愿意花那么多美元购买这瓶葡萄酒。学生们认为这是一个很奇怪的问题，因为他们知道身份证号码后两位完全是一个随机的数字。然而，艾瑞只想知道这个随机数字是否会影响估值。最后，他让学生们对葡萄酒进行投标。是的，他确实发现了一个明显的现象：写高数字（例如 89）的学生的出价比写低数字（例如 11）的学生高得多，他们的出价是低数字学生的三倍。

如果系统 1 要评估某样东西是贵还是便宜，那么它允许自己受周围随机数字的影响。如果你先看到一个较高的价格，然后再看到一个较低的价格，那么你的潜意识会认为这个较低的价格还不错。如果你先看到一个较低的价格，再看到一个较高的价格，那么你会不自觉地认为这个价格太贵了。这种影响主要发生在你并不清楚某件东西应该花多少钱的时候。

在市场营销和销售领域，锚定并不是一种新现象。以北非麦地那的卖家为例，他们的产品定价高得离谱，如果你砍价砍到 50%，虽然你会感到非常自豪，但最终还要付大价钱。

5.3.1　实践案例

作为一名线上设计师，你也可以使用锚定原则，通过检查客户旅程中的时刻，你可以提供一个对比来影响预期选择。以下是一些启发灵感的例子。

- 如果你想销售一款中档产品，请先向访问者展示高档产品，如图 5-5 所示。

👍 这么做
首先展示一件昂贵的产品。

👎 不能这么做
首先展示一件便宜的产品。

图 5-5

- 如果你想使价格看起来更低，请使用"原价……现价……"。

原价 ~~39.99~~ 美元

现价 31.35 美元

- 如果你想强调卓越的客户满意度，请将表现最差的竞争对手放在比较清单的第一位。

比较客户满意度

竞争对手 1	5.4	★ ★ ★ ★ ☆
你	8.5	★ ★ ★ ★ ★ ★ ★ ☆
竞争对手 2	8.2	★ ★ ★ ★ ★ ★ ★ ☆

 通过前后对比，确保你的产品价值让人感觉更高或更低。

5.3.2　你应该记住什么

- 在评估价值时，人们会受到附近事物或刚看到的事物价值的影响。
- 这被称为"锚定原则"。

5.3.3　你能做什么

- 通过前后对比，确保你的产品价值让人感觉更高或更低。
- 如果你想让某样东西看起来更低、更小或更少，请将其与更高、更大或更多的东西进行对比。
- 如果你想让某样东西看起来更高、更大或更多，请将其与更低、更小或更少的东西进行对比。

人们不喜欢选择"极端"。

5.4 厌恶极端原则

你正在去开会的路上。虽然你很匆忙，但你还是得吃点东西。当你到达快餐连锁店时，你会点哪个尺寸的薯条：小份、中份还是特大份？

你很可能会选择中间的选项。这是因为人们不喜欢选择"极端"，即使它只是一组选择中的第一个和最后一个选项。营销科学家伊塔玛·西蒙森（Itamar Simonson）和心理学家阿莫斯·特沃斯基（Amos Tversky）的一系列研究表明了这一点。他们的结论是：在一组选项中，中间选项更具吸引力。反之亦然，如果这个选项处在选项集合的两端，那么两端的选项（第一个与最后一个选项）就都不再吸引人了，如图5-6所示。

人们不喜欢选择两端的选项。
因此，两侧的选项被选择的频率变低了。

图 5-6

为什么呢？可能是因为在生活中，"极端"通常代表风险。在求生的欲望中，人们传统上倾向于避免风险。所以，在心理学中这被称为"厌恶极端原则"。

5.4.1 添加选项

这个原则可以帮助你设计选择过程。在下面的例子中（图5-7），最畅销的选项"基础版"显示在最左侧。由于厌恶极端，你可能因此错失了一些转化的机会。

图 5-7

你可以在左边添加一个附加选项（图 5-8），比如你提供的免费试用版。结果，"基础版"成为了中间选项，这个选项就没那么"极端"了。

图 5-8

　如果你可以提供额外的"极端"选项，请在选项组合的两端添加这些选项。

5.4.2　你应该记住什么

- 人们不喜欢选择"极端"。
- 这也适用于选项组合中的第一个和最后一个选项。
- 这被称为"厌恶极端原则"。

5.4.3　你能做什么

- 检查你的期望选项是否位于选项组合的两端（第一个或最后一个选项）。

- 在这种情况下，如果你有额外的"极端"选项，请放置在旁边。

我们发现，如果一个选项的"丑哥哥"站在它旁边，它会更有吸引力。

5.5 诱饵原则

假如你想支持一下年轻的初创公司，你去了一个著名的众筹网站 Kickstarter。你选择哪一种项目？是选择投资 10 美元可以得到一本电子书，还是选择投资 20 美元可以得到一本电子书和一本精装书？大多数人选择了最便宜的项目——投资 10 美元，得到一本电子书，如图 5-9 所示。

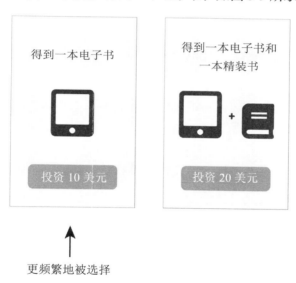

图 5-9

从两个选项中选择是来源于列支敦士登大学的一项研究。研究人员想知道，如果他们增加一个与较贵选项价格一样但吸引力却相对较低的选项（一种"诱饵"），会发生什么。新的选择组合如图 5-10 所示。

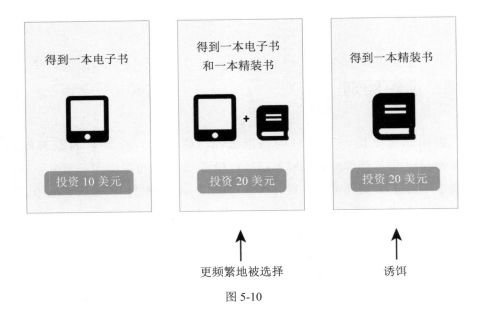

图 5-10

结果怎么样呢？突然间，最不受欢迎的选项（获得一本电子书和一本精装书）变成了最受欢迎的选项。研究人员还计算出，如果他们在现实生活中加入这种没有吸引力的选项，销售额将增加10%。

这种所谓的"诱饵效应"已在许多研究中得到证实。诱饵是一种看起来很像期望选项的选项，但吸引力相对较低。因此，诱饵使期望选项更具吸引力（图 5-11 中屏幕左边紧挨着站着两位男士，其中左边的一位是"诱饵"，右边的男士是"期望选项"；屏幕右边没有"诱饵"的衬托）。我们将诱饵称为"丑哥哥"。

扫码看彩图

图 5-11

"丑哥哥"

心理学和行为经济学教授丹·艾瑞里（Dan Ariely）对诱饵做了大量研究。在图 5-12 的实验中，他比较了汤姆和杰瑞的魅力。如果汤姆的丑哥哥被展示在汤姆旁边，参与者认为汤姆比杰瑞更有吸引力。但如果杰瑞的丑哥哥被放在杰瑞旁边，他们会认为杰瑞更帅。

杰瑞有个陪衬　　　　　　　　　　　汤姆有个陪衬
杰瑞的丑哥哥让杰瑞赢了。　　　　　汤姆的丑哥哥让汤姆赢了。

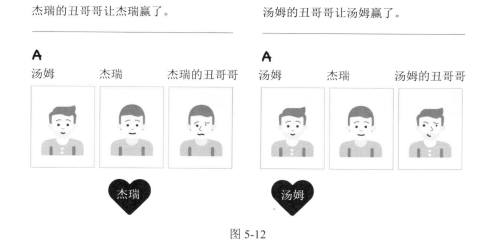

图 5-12

5.5.1　实践案例

如果你正在设计产品系列、价格表或订阅体系，可以试试诱饵原则。丑哥哥应该和帅弟弟长得很像，但必须"少"点东西，这样丑哥哥就不太可能被选中了。顺便提一下，如果访问者恰好选中了丑哥哥，你必须能够交付丑哥哥。一个有趣的事实是，在实验中有四名测试人员选择了诱饵。

5.5.2　诱饵原则合乎道德吗

对一些人来说，诱饵原则感觉像是在欺骗，因为添加诱饵纯粹是为了影响人们。其实，你可以换个角度理解，丑哥哥确实向访问者展示了帅弟弟的价值。我们认为，这是一个边缘案例。不管怎样，这个案例并没有故意隐藏任何信息。

在你的选择中添加一个"丑哥哥"，以显示期望选项有多么吸引人，同时也要遵循你自己的道德标准。

5.5.3　你应该记住什么

- 如果紧挨着"丑哥哥"，那么这个选项就更具吸引力了。

5.5.4　你能做什么

- 在你的选择中添加一个"丑哥哥"，以显示期望选项有多吸引人。
- 遵循你的道德标准。
- 丑哥哥应该和帅弟弟长得很像，但必须"少"点东西，这样丑哥哥就不太可能被选中了。
- 但是，你应该确保你能交付丑哥哥。

有时候，人们需要一点助力才能做出选择。

5.6 小助力原则

你在网上买过笔记本电脑吗？如果有，那么你已经见识到那些琳琅满目的商品了。从这些如此相似的产品之间做出选择，何其艰难！如图 5-13 所示，如果此时有一个朝着正确方向轻轻推动的助力是不是很棒？

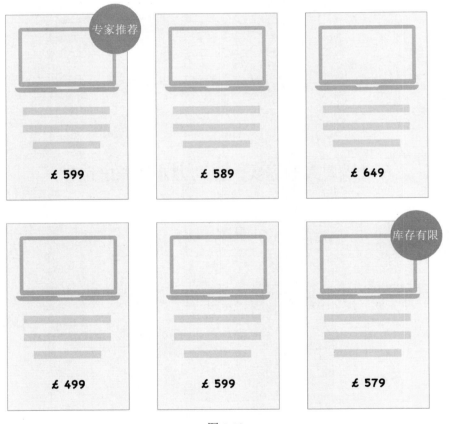

图 5-13

在心理学中，小助力被定义为朝正确方向的推动。例如，卡瑞丝官网就经常使用标签来吸引人们对特定产品的注意。看一看卡瑞丝和其他公司使用的小助力的例子：

- 最受欢迎的选择

- 专家推荐
- 清库存
- 折扣仅限当日
- 免费延长电缆

这使小助力原则比默认原则更进一步（详见 4.4 节）。默认选项是中立的预选项，而小助力则使事情更进一步。

5.6.1　小助力可以运用多种原则

标签本身就是一个助力，有标签的产品容易在其他没有标签的产品中脱颖而出。不仅如此，你还可以通过标签上的文案对访问者进行更多的指导。下述清单中的文案中应用了多种原则。

- 最受欢迎的选择——社会认同原则。
- 畅销书——社会认同原则。
- 经消费者协会测试为最佳——权威性原则。
- 仅剩三件——库存稀缺性原则。
- 打折仅限当日——时间稀缺性原则。
- 免费延长电缆——超值优惠原则。

你给了访问者做出选择的一个好理由。我们也将其称为"原因原则"的"视觉版本"（详见 3.11 节）。你只能通过 A/B 测试比较两种不同的标签来找出哪种版本的效果最好。

最后，仅给一两个选项添加小助力。如果给予助力的选项太多，访问者就会产生选择压力。

忠告
在你希望访问者选择的一两个选项上，给他们一个小助力。

5.6.2　你应该记住什么

- 人们有时需要一点助力才能做出选择。

5.6.3　你能做什么

- 在你希望访问者选择的一两个选项上，给他们一个小助力。

第 6 章
如何应用行为学心理学

6.1 现在付诸实践吧!

你现在知道,线上行为——和其他行为一样——只有在明显的提示、足够的动力和足够的能力之下才会发生。然后,你已经知道了可以用来影响这三个因素的重要原则,你已能够处理任何转化方面的挑战了,至少你已经知道在何时何地使用何种原则了。就是说:该实践一下了。

在本书的剩余章节,我们将研究几个线上应用:线上广告、电子邮件广告、搜索引擎广告、首页、产品页和付款页。对于这些内容,我们将根据讨论的理论为你提供具体的指导,这不仅有助于你了解这些原则的工作原理,也能帮助你更有针对性地应用这些原则。

6.2 线上广告

线上行为通常始于点击线上广告。俗话说，良好的开端是成功的一半。基于前几章的设计原则，我们可以让这些广告比在没有掌握科学知识的情况下随机进行的头脑风暴或单纯模仿他人的做法更有效。

接下来，我们将向你详细介绍如何在网站上的横幅广告和社交媒体广告这两种最常见的线上广告中应用这些设计原则。但首先，得控制你的期望值。

线上广告是一种插播式营销。换句话说，你正在接近一个专注于其他事情的人。例如，目标受众正在规划一条自行车路线、浏览偶像的照片、阅读新闻，这时他们并不想分心。因此，请注意，绝大多数目标受众都会忽略你的广告。

最近，我们团队的一位新手行为设计师束手无策，问她怎么了？她说只有 0.1% 的访问者点击了她的横幅广告。当我们告诉她，这类广告在全球的平均点击率是 0.05%（见表 6-1）时，她立刻振作了起来。事实上，她设计的广告的点击率是一般的网络营销者的两倍。

表 6-1　一些线上广告的平均点击率

横幅广告	社会媒体广告	电子邮件广告	搜索引擎广告
0.05%	0.9%	2.5%	2.7%

6.2.1 线上广告专为7岁儿童设计

本书的开头解释了人们的大脑有两个系统：系统 1（无意识大脑）和系统 2（只有当系统 1 注意到有趣或特殊的东西时，系统 2 才会开始工作）。系统 1 的有限的阅读、理解文本的能力在这里至关重要。因此，我们把系统 1 比作一个 7 岁的孩子。一个 7 岁的孩子可以浏览图片，阅读简短的文字，忽略一切太长或太复杂的内容。

根据定义，线上广告的目标受众正专注于其他事情，你的广告首先会被系统 1 感知到。所以，作为行为设计师，假设自己在为 7 岁的孩子设计广告是一个明智的举动。

6.2.2　线上广告要保持简单

如何为 7 岁的孩子设计广告？主要原则便是简单。换句话说，不要在你的广告里呈现太多内容。线上广告的目的是让人们点击它，说服是后面的工作。

但是，如果你在一家大型公司工作，你经常要与那些想在你的广告中添加各种内容的经理打交道，该怎么办呢？品牌部可能希望添加公司 Logo 或标语，法务部可能会要求你写上免责声明，这些因素很难让广告保持简单的风格（如图 6-1 所示，右图就是一个不推荐的例子）。希望本书中的论点能帮助你说服其他利益相关者。

👍 这么做　　　　　　　　　　　👎 不能这么做
干净，简单　　　　　　　　　　　拥挤，复杂

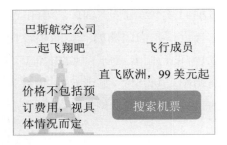

图 6-1

6.2.3　线上广告需要考虑成本模型

再介绍一下成本模型，它与线上广告设计相关。成本模型分为三种：

- 每次点击成本（CPC）：广告主要按点击数量付费。例如，一次点击支付 5 美元。
- 每千次曝光成本（CPM）：广告主要按展示数量付费。例如，一千次曝光支付 1 美元。
- 每次行动成本（CPA）：广告主要按行为数量付费。例如，一个订阅行为支付 10 美元。这种以转化为导向的成本模型也被称为"用户成本"（CPL）或"销售成本"（CPS）。

设计广告之前，你需要仔细考虑使用哪种成本模型。

使用 CPM 成本模型时，目标受众之外的人是否点击你的广告几乎没有什么区别，只要他们没有执行期望行为——订阅资讯邮件——你就不会为他们点击你的广告支付任何费用。因此，在这种情况下，你最好设计一个吸引人们点击的广告。

使用 CPC 时就不同了。因为 CPC 是按照点击收费，所以最好设计一个只吸引你目标受众的广告。

使用 CPA 时，对于你来说，目标受众之外的人是否点击你的广告并不重要。只要他们没有执行期望行为——订阅资讯邮件——你就不会为他们点击你的广告支付任何费用。然而，从推广网站的角度来看，目标受众之外的人是否点击广告，这很重要，推广网站希望尽可能多的人点击广告进入你网站，这样推广网站就能获得最大的回报。因此，这时你应该设计一个只针对目标受众的有吸引力的广告。

接下来的章节将重点介绍横幅广告、社交媒体广告、搜索引擎广告和电子邮件广告。当然，还有其他类型的广告，这些都是最受欢迎的渠道。我们还将介绍成本模型。

6.3　横幅广告

横幅广告指展示型广告。虽然大多数人都讨厌它们，但它们无处不在。不足为奇，因为横幅广告仍然是通过线上广告赚钱的好方法。点击横幅广告可能是客户旅程的第一步，以购买、下载或订阅结束。

但你知道大多数横幅广告都是亏损的吗？即广告成本高于广告产生的额外销售额。那么，为什么还有公司会选择横幅广告呢？因为横幅广告可以提高你的品牌或产品的知名度，从长远角度看，这可以带来更多销量。其作用就和足球场上的广告牌一样。

本节并不关注品牌，而是关注如何产生足够的反响。我们将从引起注意和功能可见性开始。下面将讨论如何在横幅上应用三种提示原则（好奇心、额外利益和简单问题），以及如何使用抽积木技术使横幅广告的内容简短有力。

6.3.1　首先要引起注意

首先要明白，横幅广告是一种提示，它们会吸引你的目标受众进行点击。这意味着横幅广告最重要的功能是引起注意。

此外，随着时间的推移，人们的大脑已经学会了忽略横幅广告，这被称为"横幅盲症"。这听起来像是一种生理缺陷，但实际上它是一种有用的技能。

那么怎样才能吸引注意力呢？最好的方法是使用微小的动作。从静态到动态的转变几乎是不可忽视的。在 2.2 节中，你可以找到更多关于如何为横幅广告吸引注意力的技巧。

另一个避免横幅盲症的原则是将横幅广告设计得和网站本身的内容高度相似（也称为"原生广告"）。在这种情况下，可以合理地指出该信息是由广告商提供的。

1. 使用讲述故事的视频

在横幅广告中使用视频可以起到很好的效果。毕竟，运动能吸引注意力。为了保持目标受众的注意力，视频中应该包含一些有意义的内容。没有传达明确含义的视频的影响力要比讲述小故事的视频小得多。例如，将水泼在衬衫上证明衬衫的防水性，或者在推销新车时用很多东西塞满后备箱，说明后备箱的容量大。

2. 弹出式广告

在中心视野出现的弹出式广告是一种臭名昭著的干扰营销。按照定义，弹出式广告确实吸引了所有的注意力。因此，你不必再使用任何原则来吸引注意力，但一定要选择一个好的提示原则，这样访问者就不会点开广告后又迅速关掉它。本节的其他部分将告诉你更多关于这方面的信息。

3. 设计功能可见性

在 2.4 节中，你了解到提示需要有良好的功能可见性。当你吸引了人们的注意后，人们能立即明白他们可以在哪里点击哪些东西。是不是很神奇？

你的横幅广告必须包含一个可识别的按钮形状，系统 1 就会立刻知道横幅广告是可点击的。古老的"点击这里"按钮仍能发挥神奇的作用，如图 6-2 所示。

👍 这么做
良好的功能可见性。

👎 不能这么做
不清楚这个按钮是否可以点击。

图 6-2

顺便说一句，并不是非要按钮不可，播放按钮、复选框和箭头形状也是很好的选择，只要它们可以清晰表明"可点击"即可。

4. 好奇心原则

产生好奇心是吸引人们点击的一种方法，具体怎么做取决于基础成本模型。这就是我们为每个成本模型提供实用建议和例子的原因。

（1）CPM：专注于让人们产生好奇心

使用 CPM 成本模型时，广告商需要为广告的曝光次数付费。对于设计师来说，这意味着谁点击广告并不重要，只要人够多就行；点击的人是否属于你的目标受众也无关紧要，因为你已经为曝光次数付费了。换句话说，你可以把所有的精力都放在引起人们的好奇心上。图 6-3 中的例子能激发最大的好奇心，因为你尚未透露你的报价。

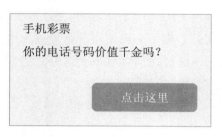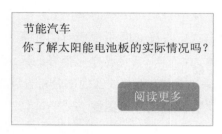

图 6-3

（2）CPC：激发好奇心并过滤

使用 CPC 成本模型时，广告商为每次点击支付固定金额。在这种情况下，作为设计师，你必须确保只有目标受众点击横幅广告。如果你是基于好奇心原则设计的横幅广告，事情可能会变糟。看看图 6-4 这个横幅广告。

图 6-4

这个横幅广告可能会带来很多点击，但其中许多人可能根本不想买鞋子，他们之所以点击是因为他们对名人穿什么鞋子感兴趣。结果，你的钱包缩水了，因为你必须为每一次点击支付固定费用。

在这种情况下，聪明的做法是让人们好奇，同时也要立即过滤，就像图 6-5 这样。

图 6-5

激发的好奇心变少了吗？也许是，但它仍然会让一些人产生好奇。你肯定不想把广告预算浪费在那些只想了解更多名人信息的人身上。

（3）CPA：激发好奇心并过滤

使用 CPA 成本模型时，广告商需要为期望行为付费。这时，谁点击你的横幅广告并不重要，因为你或你的客户只在转化时才产生费用。但请记住，广告的运营者并不愚蠢。如果产生了很多点击，却并不转化，他们就会倾向于换掉它，或者提高转化单价。

所以，CPA 和 CPC 一样都可以使用好奇心这个原则，但也需按目标受众进行过滤。在这里，你要做的是在剩余的客户旅程中吸引这些人进行点击。

（4）让人们对文案和视觉画面产生好奇心

在上面的例子中，你已经看到，你可以轻松地让人们对文案产生好奇心。视觉效果是另一种有效的方式，例如，通过覆盖部分或全部内容，你可以很容易地吸引人们点击，如图 6-6 所示。

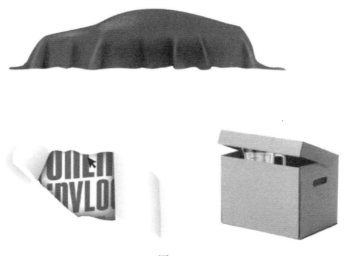

图 6-6

5. 额外利益原则

前面讲过，如果能获得额外的利益，人们很快就会放弃他们的任务。因此，额外利益原则非常适用于横幅广告。基本成本模型在这里的作用不大，因为只有感兴趣的访问者才会点击它。

你需要做的是简单、具体地表述它。系统 1 应能立即了解这种好处，并在此基础上激活系统 2，如图 6-7 所示。

👍 这么做   👎 不能这么做

 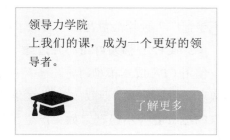

👍 这么做   👎 不能这么做

图 6-7

这样的横幅广告可能不会让你赢得创意奖，但这本书的目的并不是要让设计充满创意。这一切都与行为有关，因此，尽管额外利益原则很简单，但它确实是一个很好的原则。

CPC：更难的 CTA

如果你在使用"额外利益"原则时是按点击付费，那么请使用更有难度的行动要求，如表 6-2 所示，可能会产生较少的点击，但点击者的购买意愿比较高。

表 6-2

软 CTA：点击很多，质量很差	硬 CTA：点击很少，质量很好
发现好处	成为会员
查看促销活动	今日下单
探索	注册

6. 简单问题原则

正如第 2 章中所述，一个简单问题可以让人们从忙碌的工作中抽离出来。在设计横幅广告时，你可以利用这个前提。你所要做的就是提出一个简单问题，并配有多个答案按钮。

不同按钮必须链接到不同的登录页，因为访问者希望得到一个反馈，且这一反馈与他们单击的答案相匹配，如图 6-8 所示。

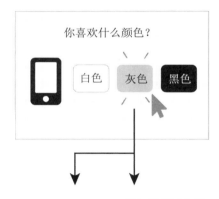

👍 这么做
与横幅中所作选择相匹配的特定登录页。

👎 不能这么做
与横幅中所作选择不匹配的常规登录页。

图 6-8

　　对于某些类型的横幅广告，按钮不一定都有专属的链接。在这种情况下，你仍然可以在横幅中展示不同的按钮、不同的文案，并以一种自然的方式指向同一登录页。图 6-9 的例子说明了这一点。

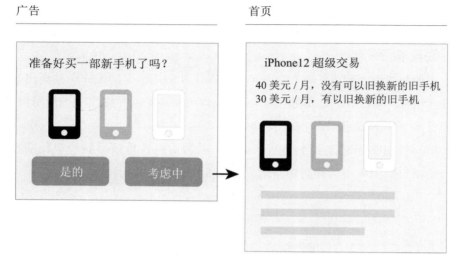

图 6-9

7. 抽积木技术

　　广告中使用的单词越少，人们的无意识大脑就越容易阅读和理解。用抽积木技术巧妙地去除横幅广告中多余的单词，只使用简单的单词，最好是口语化的语句。如果你使用五个或更少的单词，你的目标受众很可能在意识到前就已经下意识地去阅读了（详见 4.5 节）。在图 6-10 这个例子中，你可以看到我们在不丢失其本意的情况下如何将 31 个字减少到 13 个字。我们决定不提及"正念研究所"，因为是它不是一个知名的品牌。我们可以在首页上宣布必须先注册（订阅资讯邮件）这一事实。

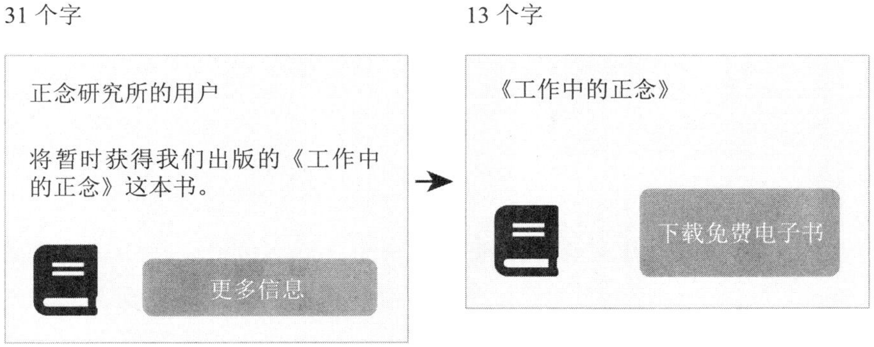

31 个字　　　　　　　　　　　　　　　13 个字

图 6-10

6.3.2　横幅广告是一个吃力不讨好的工作吗

　　设计横幅广告有时感觉像一项吃力不讨好的工作。毕竟，你的广告必须与无穷无尽的其他广告竞争。此外，横幅盲症使人们越来越善于忽视横幅广告。幸运的是，你现在掌握了可用于横幅广告的设计原则。如果你巧妙地应用它们，你的提示将会打败其他设计师的提示。

6.4　社交媒体广告

人们平均每天在社交媒体上要花费两个小时。因此，广告商试图通过 Facebook、Instagram 和 LinkedIn 等渠道接触目标受众也就不足为奇了。在本节中，你将发现哪些设计原则可以将你的社交媒体广告提升到一个新的水平。

需要表明一点，本节并不介绍那些经常在帖子中推荐自家产品的营销人员的做法。通过社交媒体广告，行为设计师可以展示赞助信息。这种广告形式的主要优点是你可以引起特定目标受众的注意，例如，30~40 岁、喜欢在纽约旅行和生活、受过高等教育的女性，或是 15~25 岁、生活在美国中西部、喜欢开快车、有熟练技能的男性工人。

如果你将这种细分应用于前端，社交媒体广告的平均点击率要远远高于横幅广告。平均来说，有 0.5% 的用户点击了链接并浏览广告，也就是说两百个人中即有一个人点击并浏览广告。

6.4.1　注意力和阻滞力

当你在社交媒体上滚动浏览时，你的屏幕上会出现很多广告，穿插在朋友和同事的帖子之间。不管你喜欢与否，你都必须滑过去。这时，社交媒体用户通常以极快的速度划过去。因此，社交媒体广告的主要目的应该是吸引人们的注意力，并说服他们点击。

运动最能吸引注意力。因此，视频广告通常比文字广告更有效。带有小故事的视频具有特别有效的阻滞力（留住访问者的力量）。以图 6-11 三星广告为例，它展示了一幅慢慢变成电视的画。这一显著的转变吸引了所有人。

图 6-11

一个吸引目标受众注意力的实用技巧：查看属于目标受众的时间表。通过设计与他们的时间表相融合的内容，可以增加他们浏览你的广告的机会。

警惕广告盲症

社交媒体用户希望看到娱乐性的内容，所以，美丽、可爱或有趣的图片总是很受关注。至少它们是真实的照片，因为系统 1 已经为陈词滥调的库存图像开发了一个盲点。因此，广告盲症在社交媒体广告中发挥了重要作用。同时，在社交媒体广告中也应该避免大型 Logo 和过度的宣传文案。

正如横幅广告一样，好奇心原则、额外利益原则和简单问题原则都可以将社交媒体广告设计成有效的提示。下面将一一介绍它们。

1. 好奇心原则

好奇心原则是在社交媒体上产生点击的一个好方法。与横幅广告一样，你应该仔细考虑基础成本模型。

（1）CPM：激发好奇心

如果你是一个广告商，需要为曝光次数（CPM）付费，你没有什么好担心的。

你唯一的目标就是设计一个能让人产生好奇并点击的广告。图 6-12 这个呼吁捐款的广告就是一个很好的例子。

图 6-12

（2）CPC 和 CPA：激发好奇心并过滤

如果你是一个广告商，需要按照点击次数（CPC）或行动次数（CPA）付费，明智的做法是在广告中明确这是一笔捐赠，如图 6-13 所示。换句话说，你应该过滤掉那些永远不会捐赠的人。例如，在照片下面加上标题和一个更具体的行动要求。你的广告可能会有较少的点击量，但这正是你的目的。毕竟，你希望点击的人是那些知道这是捐赠广告的人，他们不会因此而却步。换言之，转化率提高了。

图 6-13

你也可以使用好奇心原则,如图6-14所示,有意识地展示没有标价的产品。出于好奇,很多人会点击广告来了解价格。一旦他们点击了,他们就迈出了客户旅程的第一小步,他们可能更愿意接受进一步的说服。

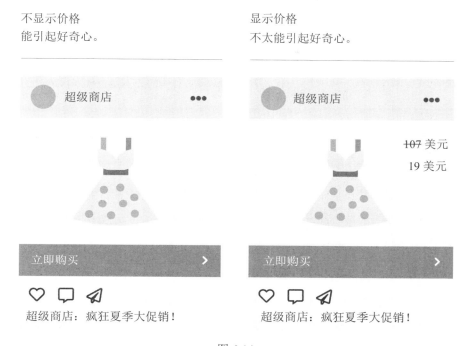

图 6-14

2. 额外利益原则

在使用社交媒体时,人们对额外的好处很敏感。如果昂贵、美丽或特殊产品的价格很低或折扣很高,那么这就是在邀请访问者点击。前文中讲过,过多的文字会导致系统 1(类似于 7 岁的儿童)自动忽略广告。因此,在社交媒体广告中,要坚持使用简短有力的文字来传达你的优势。

就像社交媒体用户一样,你可以以广告商的身份在帖子下方留言。可以利用这个功能,因为底部有文字的广告通常有更高的得分。这也有助于让你的广告保持"整洁",因为你可以把一些文字放在留言里。看看图 6-15 这两个广告的区别。

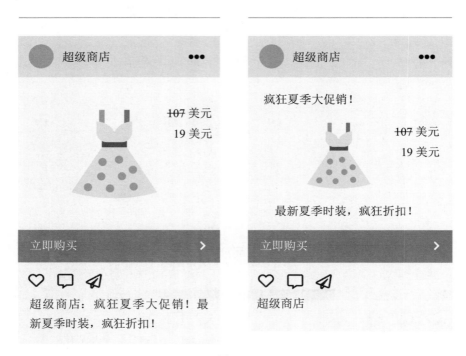

👍 这么做
图片上的文字有限，底部有文字介绍。

👎 不能这么做
图片上有很多文字，底部没有文字。

图 6-15

3. 简单问题原则

　　尽管在社交媒体广告中应用简单问题原则比横幅广告更难，但它仍然是社交媒体广告的有效方法之一。目前社交媒体广告还无法应用多个应答按钮，此外，通常也不太可能让访问者自己填写问题的答案。

　　不过，还是有办法将这种原则应用到社交媒体广告中，即通过提供几个按钮，如图 6-16 所示。

　　因为按钮并不是真实的按钮，所以访问者无论点击哪个按钮，都会登录进入同一个页面，这一步的作用在于你让他们思考了你的问题。这样，你就把他们从他们自己的时间轴中拉了出来，使他们离转化又近了一步。

图 6-16

6.4.2　登录页中需注意什么

社交媒体应用程序已确保将登录页加载到他们的应用程序中，因此访问者只需点击"后退"按钮，即可返回到他们的时间轴中。

这就是"软转化"最成功的原因，你不会立即要求访问者填写大量的信息，也不会要求访问者做出如购买这样的重大承诺（详见 3.6 节）。例如，只询问某人的电子邮件地址，以便后期跟进。

你也可以使用所谓的"引导广告"，即填写的表单内容是社交媒体应用程序中的一部分，如 Facebook。这样做的好处是可以快速填写表单，如图 6-17 所示，姓名和电子邮件地址可以提前输入。缺点是作为行为设计师，你对表单的设计没有太大影响。

图 6-17

　　再强调一遍，这里不要问太多问题。问题越多，退出的访问者就越多，尤其是当你询问他们的电话号码时。

　　这感觉像是在询问私人信息，因此，这算是一项重大承诺。研究表明，如果同时询问电话号码和电子邮件地址，会比只询问电话号码要好得多，见表 6-3。有可能是因为只询问电话号码会给人一种"我肯定会被电话骚扰"的错觉。

表 6-3

	转化率	每条线索的成本
只询问电子邮件地址	33.8%	1.38 美元
只询问电话号码	15.3%	6.09 美元
询问邮件地址和电话号码	18.6%	4.38 美元

6.5 电子邮件广告

通过电子邮件广告，你可以非常直接地触达你的目标受众。无论是通过整理收件人清单，还是在其他地方购买收件人电子邮件地址，潜在客户都能在其电子邮箱中收到你的电子邮件。但这并不意味着他们会打开它，更不用说点击你的登录页并在那里转化了。幸运的是，通过良好的行为设计，你可以增加这种机会。

你必须确保收件人执行以下操作：

- 打开电子邮件。
- 点击进入登录页。
- 在登录页上执行期望行为。

为了让收件人打开你的邮件，你需要设计一个吸引人的主题，因为这会增加"打开率"（OR）——打开邮件的收件人的比例。收件人打开你的电子邮件后，你希望他们点击进入你的登录页。如果收件人这么做了，点击通过率（CTR，即点击进入登录页的收件人的百分比）就增加了。随后点击打开率（CTO，即点击进入登录页的打开邮件人的百分比）也增加了。

打开和点击只是第一步，而最终目标是转化。例如，你希望电子邮件收件人购买东西、注册资讯邮件或下载白皮书。我们讨论的是电子邮件活动的最终转化率，即转化次数占电子邮件收件人数量的百分比。

6.5.1 让你的主题在视觉上脱颖而出

每一个行为都始于对提示的关注，电子邮件广告也是如此。看看图 6-18 所示乔里斯邮箱的截图，你将看到各种各样的邮件。

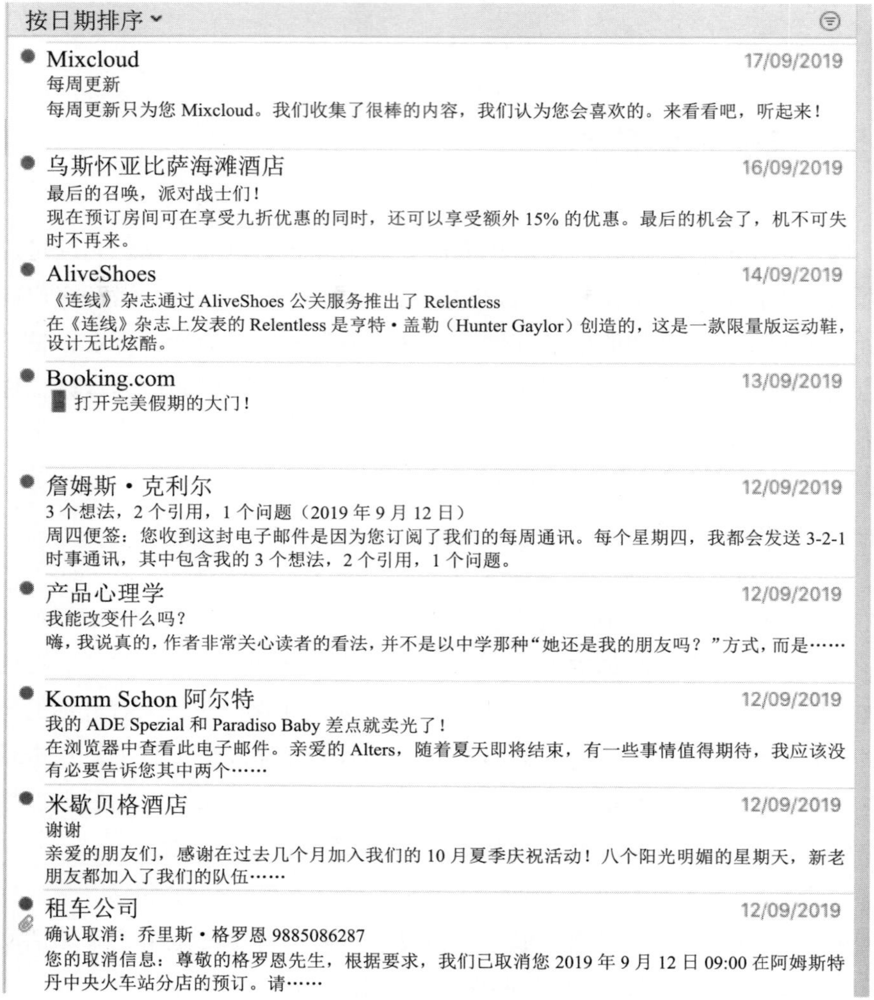

图 6-18

哪一个主题更吸引眼球呢？是不是预订网站的那个？与其说是内容，不如说是因为它在视觉上更突出，这要归功于抓人眼球的图标和大片的空白。因此，偏离环境是一种简单而明智的抓人眼球的方式（详见 2.2 节）。

在主题中直接称呼他人的姓名

如果收件人看到自己的姓名，那么主题更有可能脱颖而出。所以，当邮件上有某人的姓名时，这个邮件的打开率会比较高，如图 6-19 所示。

👍 打开率更高	👎 打开率更低
● Profishop 巴斯，这是你的个人提议	● Profishop 这是你个人的提议

图 6-19

心理学家也把这种现象称为"鸡尾酒会效应"。当聚会上每个人都在说话时，你几乎不可能听清楚每个人都在说什么，但是如果有人在房间的另一边叫你的名字，你能忽略周围所有的噪声从而听到这个声音。这是因为系统 1 会分析周围所有的声音，只有在重要的事情发生时才会提醒系统 2。这可能只适用于听到有人喊自己名字的情况。

（1）将一个人作为发送人

邮件发件人的姓名始终与主题一起显示。来自个人的电子邮件比来自品牌的电子邮件更具吸引力。但是，一个不认识的人也可能会引起怀疑。如果你将一个不认识的人与一个已知的品牌结合起来，就有可能获得比仅使用一个品牌名称作为发件人的邮件有更高的打开率，如图 6-20 所示。

👍 打开率更高	👎 打开率更低
● 线上影响力研究所的艾玛 　3 种你从未听说过的说服技巧	● 线上影响力研究所 　3 种你从未听说过的说服技巧

图 6-20

（2）额外利益原则

你可以使用"额外利益原则"吸引收件人打开邮件。但是，只有当你真的有额外的东西可以提供时，才能使用这种原则。在图 6-21 所示的这个例子中，右侧的主题有点过于笼统，而左侧的主题感觉像是一个额外的利益。

👍 打开率更高	👎 打开率更低
● 巴斯航空公司 　所有航班八折优惠	● 巴斯航空公司 　所有航班都在打折

图 6-21

利益方面的措辞往往过于复杂。比较图 6-22 的主题行。一个 7 岁的孩子不会领会右边内容要表达的含义，而对于左边的内容，7 岁的孩子会立即激活系统 2。用通俗易懂的语言表达你的额外利益。

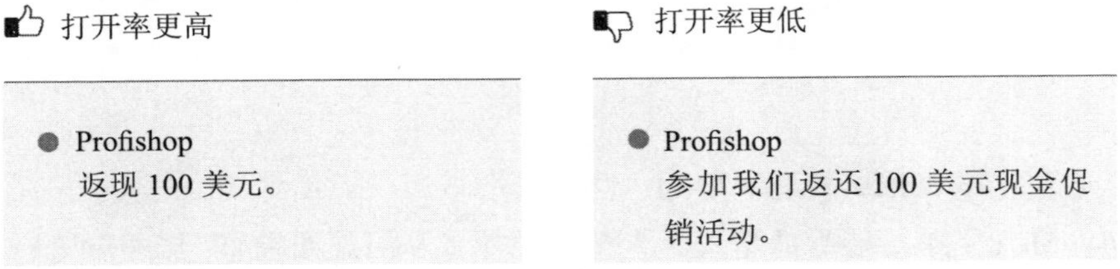

👍 打开率更高　　　　　　　　　👎 打开率更低

● Profishop
返现 100 美元。

● Profishop
参加我们返还 100 美元现金促销活动。

图 6-22

（3）好奇心原则

如果你没有什么额外的利益可以提供，好奇心原则是你在主题中可以用到的一个极好的方法。通过使用"这"这样的信号词，你会自然而然地引起人们的好奇心。

- 这个是……
- 这里是……
- 这是如何……
- 这就是你可以……
- 在这张图片中……（"图片"一词得分总是很高）。
- 这个人就是……（接收者想知道谁在做什么）。
- 这就是……的原因

在图 6-23 右边的例子中，系统 1 只会想："好的，太好了，我们开始吧。"但是，它没有提供打开电子邮件的理由，而对于左边的例子，系统 1 则认为："等一下，打开它，我想知道它说了什么？"

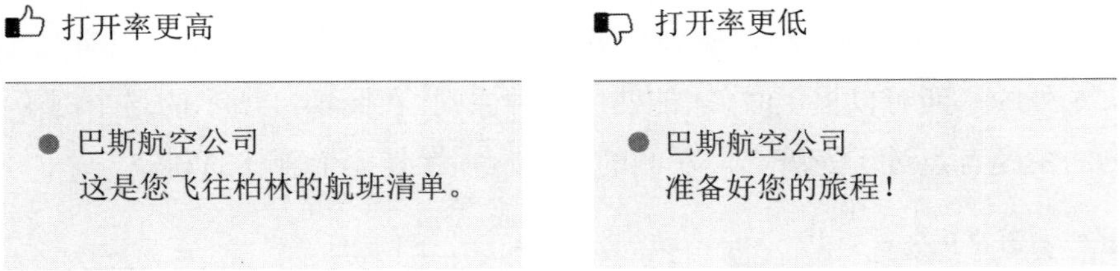

👍 打开率更高　　　　　　　　　👎 打开率更低

● 巴斯航空公司
这是您飞往柏林的航班清单。

● 巴斯航空公司
准备好您的旅程！

图 6-23

研究和经验表明，在主题中提问会比使用信号词更让人好奇。但这问题可能只会引起你的好奇，并不会触发你打开电子邮件，如图 6-24 所示。

👍 打开率更高

● 时装店
这些都是今夏的完美着装。

👎 打开率更低

● 时装店
你准备好过夏天了吗？

图 6-24

（4）蔡格尼克效应

一项未完成的任务会让你的大脑处于忙碌状态，这被称为"蔡格尼克效应"（详见 2.9 节）。这非常适合用在电子邮件的主题上。比较一下图 6-25 这两封邮件的主题，都是关于鼓励收件人写一篇评论的。

👍 打开率更高

● Travelmonkey
退房后的最后一步。

👎 打开率更低

● Travelmonkey
写一篇评论吧。

图 6-25

右边的邮件平平无奇。然而，左侧邮件的信息被框定为一个未完成的任务。因此，收件人更有可能打开这封电子邮件。

在图 6-26 这个例子中，情况与前面的例子大致相同。右侧的主题普普通通，但左侧的主题表明有一个未完成的任务。

👍 打开率更高

● 巴斯航空公司
你有一条未读的消息。

👎 打开率更低

● 巴斯航空公司
我们有一个特价促销。

图 6-26

（5）奇异效应

你有创意吗？你敢虚张声势吗？如果敢，你就可以基于奇异效应设计一个高点击率的主题，如图 6-27 所示。

👍 打开率更高

- 英国航空公司
  我的天哪！

👎 打开率更低

- 收拾行李网站
  我的天哪！

图 6-27

"我的天哪！"这是英国航空公司一个奇怪的主题，注意力得到保证。但要注意，只有当收件人熟悉发件人的名字时才有效。因为人们通常会将不知名或不可靠的发件人发送的电子邮件视为垃圾邮件。

最高级

一些营销人员认为最高级的词可以改善主题。然而，因为最高级往往与广告有关，所以最好不要使用它们。图 6-28 这两封电子邮件中，你更有可能打开哪封？

👍 打开率更高

- 白色家电商店
  这是我们有史以来最好的促销活动。

👎 打开率更低

- 白色家电商店
  超大折扣和终极特价。

图 6-28

6.5.2　邮件内容该怎么写

一个好主题可以鼓励收件人打开你的电子邮件。但你需要的不仅仅是打开，因为你希望他们点击进入你的登录页。因此，电子邮件的内容也应该引起收件人的注意。

即使你的收件人打开了电子邮件，也不代表你已经抓住了他们全部的注意力。所以，说服过程需要从头开始。这意味着你必须重新考虑明智的提示原则。这可能与你在主题行中使用的原则不同，但在我们给出例子之前，先讨论有哪些形式最适合你电子邮件的内容。下面将讨论三种形式：单一的行动要求、项目清单和个人信息。

形式 1：单一的行动要求。

使用这种格式，你可以尝试让打开电子邮件的人快速单击一些内容。例如，如果能将他们快速从令人分心的电子邮件程序引导进入你的登录页，这会成为你的优势。

你可以直接通过访问系统 1 来实现这一点。想象一个简单的文本、一个强烈的视觉效果，以及一个明确的按钮。文本越多，打开电子邮件的人就越不可能阅读它。你可以将此格式与 6.2 节中的横幅广告进行比较。请看图 6-29 这封电子邮件。

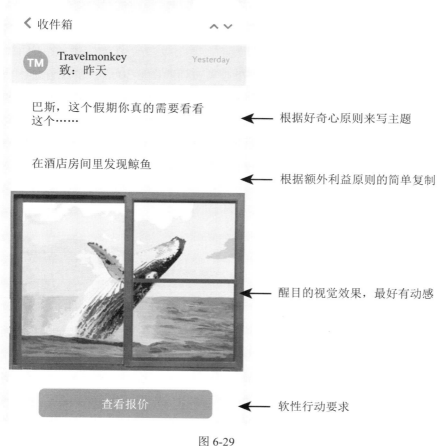

图 6-29

形式 2：项目清单。

另一种成功的形式是项目清单。这样的清单以一个触发滚动的标题开始，并清楚地表明清单由什么组成。如果你想全力以赴，那么想出一个能引起收件人好奇心的标题吧。

没有标题，你的项目清单就没有机会。在这种情况下，打开电子邮件的人必须花心思找出他们在看什么。到目前为止，你很清楚，越少的脑力劳动越可取。为你的项目清单提供以下几个好标题的例子：

- 检查清单
- 最畅销的产品
- 最新消息
- 10 月份阅读量最高的文章
- 编辑推荐

接下来，该进行第二步了：设计不同区块的清单。每个单独的区块都是一个提示，所以，赋予每个区块一个即时原则和明确的行动要求。此外，设计一个清晰的视觉节奏，这样电子邮件结构才更易于理解，例如，明确一个区块的结束位置和下一个区块的开始位置。请看图 6-30 这一模板案例。

图 6-30

形式 3：个人信息。

最后，再来看看个人信息。这种形式与个人邮件非常相似，人们打开它的方式就像阅读朋友或同事的邮件一样，所以，请使用称呼、短信和链接。标准格式，没有花哨的设计，简单明了，也不需要图片、颜色和按钮。另外，不要忘记用一个人的名称作为发件人。请看图 6-31。

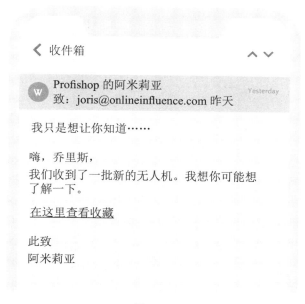

图 6-31

1. 保持简单

下面将讨论一些可使你的电子邮件内容更具吸引力的原则。但首先，我们想强调一点——保持简单。不要把你的电子邮件变成一个网站。例如，列和导航栏会使电子邮件过于复杂，最好把它们排除在外。图 6-32 这个电子邮件就是一个反面案例。

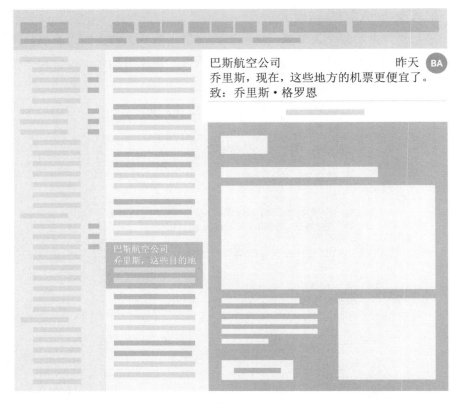

图 6-32

好了，你已经掌握了可以用来吸引人们注意力的三种形式。你也知道了你的电子邮件必须保持简单。现在是时候深入探讨三种吸引收件人访问登录页的原则了，即简单问题原则、额外利益原则和好奇心原则。

2. 简单问题原则

简单问题原则非常适合作为电子邮件中的提示原则。你可能还记得，当人们被问到一个简单问题时，人们有很强的回答倾向。如果你问一个有趣而简单的问题，打开电子邮件的人通常会点击其中一个答案选项，这将把他们带到你的登录页，这正是你想要的。一旦到了那里，他们就远离电子邮件中所有分散注意力的元素，你可以继续吸引他们进行转化。看图 6-33 所示的案例。

图 6-33

另一条建议是确保访问者登录到一个与他们的答案相匹配的登录页。换句话说，登录页的内容必须与他们就简单问题给出的答案相匹配。

3. 额外利益原则

额外利益原则也非常适合电子邮件广告。因为收件人通常会有意识地打开你的邮件，所以你已经得到了系统 2 的一些关注。这意味着，你已经解除了五个词的限制。尽管如此，你还是需要让文案保持简单，因为，你越能简明扼要地表达这一额外利益，效果就越好。

别忘了在图片中展示它的好处。能够促进玩家对奖励更加期待的插图是一个好主意（详见 3.2 节）。请注意，仅使用强烈而简单的图像，不要使用太复杂的图像集，如图 6-34 所示。

图 6-34

4. 好奇心原则

　　好奇心原则也可以作为一种有效的电子邮件提示原则。好奇已经从主题开始了，但是你还没有透露太多内容，所以可以继续在邮件中阐述你的内容。因此，真正的说服过程从登录页就开始了。在图 6-35 中，你可以看到爱彼迎（Airbnb）是如何使用好奇心原则吸引用户撰写评论的。

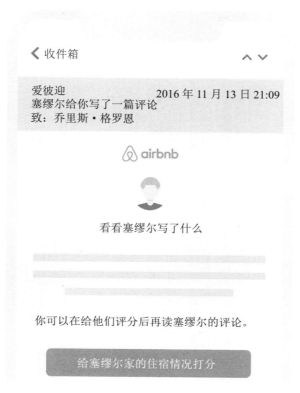

图 6-35

6.5.3　电子邮件中的行动要求

行动要求是每封电子邮件的关键部分。为了让它们更具有说服力，你应该考虑两件事：要求一些小承诺和应用霍布森 +1 原则。

1. 小承诺

在所有形式的广告中，最好向收件人索取一些小承诺。这也适用于你电子邮件中的行动要求。比较表 6-4 所示的按钮文本。

表 6-4

大承诺：点击量较少	小承诺：点击量较多
立即预订	更多阅读
立即购买	查看可用性
注册	无义务登记
订阅	查看你的特权
参加	了解我们的促销活动

2. 霍布森 +1 原则

正如前面提到的，添加第二个行动选项有时会产生奇迹（详见 3.6 节）。这将用户的选择从"选项 A 或无"更改为"选项 A、选项 B 或无"，如图 6-36 所示。

图 6-36

6.5.4　动画 GIF

你可能听说过动画 GIF。一个动画 GIF 是不占用太多带宽的短动画。你也可以在邮件中使用这些"动态图片"。A/B 测试表明，在某些情况下，它们显著提高了转化率。一起看看能否用福格行为模型来解释这一点。

1. 提示

运动能吸引注意力。当访问者打开电子邮件后，你可能认为既然他们已经打开了电子邮件，就不必再去吸引他们的注意力了，因为已经吸引了足够的注意力。但在计算机桌面上，人们收到的最后一封电子邮件通常会自动打开，换句话说，收件人不一定会注意到它。在这种情况下，用动作吸引注意力是个好主意。此外，收件人在打开邮件时可能正忙着做其他事情，因此并没有全神贯注。这时，邮件顶部的动态图像就会增大收件人继续阅读它的机会。

2. 能力

能力轴显示了 GIF 动画能够提高转化率的另一个原因：动画能够更清楚地解释你所提供的内容。例如，与一系列静态图片相比，GIF 可以更快地解释如何向后折叠笔记本电脑。

3. 动机

最后，动画可以提高质感。如果你在广告上投入了大量的精力，受众的感知价值就会增加。因为漂亮的动画会给人留下深刻的印象，所以冒险的动机就会增加。

请注意，不要把全部预算都花在动画上。我们曾见过一个使用漂亮的 GIF 动画的电子邮件活动，它的转化率非常糟糕，因为这个活动中没有应用本节中其他的指导原则。混乱的信息、过于花哨的设计和平庸的主题很容易抵消 GIF 动画的潜在优势。

6.6　搜索引擎广告

对于许多品牌和公司来说，谷歌等搜索引擎上的广告已经成为其线上营销活动的核心部分。下面将介绍本书中的原则如何让更多的人点击搜索结果顶部的广告。

乍一看，搜索引擎广告看起来有点像横幅广告。但如果从行为设计的角度来看，你会发现两者有很大不同。和社交媒体广告一样，横幅广告也属于干扰营销：当人们在做其他事情时，横幅会"打扰"他们。但是对于搜索引擎广告，人们会带着一个明确的问题来找你。作为广告商，你实际上不会打断任何人。

假设大卫想买一台新的笔记本电脑。他的搜索查询可能是图 6-37 这样：

图 6-37

或者他输入了一个完整的问题，一些人们越来越常看到的问题，如图 6-38 所示：

图 6-38

接下来，几个广告会出现在搜索结果的顶部。其中一个是你的，其他的是你竞争对手的，你的目标就是打败他们。你可以通过吸引注意力和增加动机来做到这一点。下面将介绍这两方面的内容。

6.6.1　吸引注意力的方式：自上而下的关注

搜索引擎广告吸引注意力的方式略有不同。如果用户心中有一个特定的问题，那么最匹配该问题的查询结果将最受关注。这被称为"自上而下的关注"。图 6-39 是大卫的搜索结果。

现在哪款笔记本电脑最好？

所有　购物　图片　新闻　视频　更多　设置　工具

大约 1 640 000 000 个结果（0.66 秒）

华为 Matebook X Pro 2020 | 查看华为最新笔记本电脑　①

广告 consumer.huawei.com/huawei/laptop

全天保持电力。单次充电可享受 13 小时的视频播放。为自己准备一款新的 Matebook X Pro。现在下单！指纹登录、可伸缩照相、四麦克风、超薄轻薄、触摸屏、13.9 英寸屏幕、1.33 千克。

笔记本电脑交易
查看所有最好的笔记本电脑交易。
点击立即查看！

笔记本电脑交易
查看所有最好的笔记本电脑交易。
点击立即查看！

最佳笔记本电脑评论 | 应该避免哪些笔记本电脑 |Which 网站　②

广告 www.which.co.uk/ laptops/reviews

对 Which 网站进行评分：4.8 分，460 条评论

11 个笔记本品牌横评对比。今天订阅！第一个月 1 英镑。诚实中立的评论，独立专家咨询意见，严格的产品测试。上 Which 网？先不要购买。上 Which 网？物超所值。50 多年测评经验。

绝不是虚假评论，100% 无偏见评论，订阅 Which？

图 6-39

①这篇广告与搜索词不匹配。很明显，访问者仍在寻找，并希望进行对比。要认识到“立即购买”的行动要求是一个相当大的承诺。

②这个广告标题与访问者的搜索词完全匹配，因为它提供了一个中立性的评测，Which 网站是一家知名的独立权威机构。

当然，把你的广告放在最上面是一个优势，它很可能会在第一时间被读取，纯粹是因为它在第一位。然而，排名并不是唯一的影响因素。如果你的广告确实包含搜索查询词，那么它会比不包含的广告更能吸引注意力。在本例中，华为和 Which 的广告更符合大卫的需求。如果你真的想把问题弄明白，你应该使用问题表。以下例子包含大卫的问题。

最好的笔记本电脑是哪款？ | 独立评测 | 前十名电脑

广告 www.laptopmonster.com/

最好的笔记本电脑，绝对物超所值。独立评测。现在去看看吧。

我们的建议很简单：在你的广告中加入访问者的问题，如果他们真的想咨询这个问题，那就是天作之合。这样，你的目的就达到了。

如果你能展示四星或五星的卖家评级，这也会有所帮助。星星会吸引额外的注意力，并给予买家信心，这将使你的点击率（CTR）提高10%。

6.6.2　用动机助推器强化广告的吸引力

如果你的广告是目标受众搜索内容的答案，你可以用动机助推器来强化它。请注意，你不能将本书中的激励原则用作广告的主要信息。系统1对特定搜索问题的答案最为敏感，因此，广告要先从搜索目的开始，然后再放置动机助推器，顺序不可颠倒，这应该作为一项规则来遵守，如图6-40、图6-41所示。

👍 这么做

先从搜索目的开始，然后是动机助推器。在本例中，助推器就是社会认同感。

如何选购一台新的笔记本电脑？
广告 www.laptopscompared.com/
已经有45 499名专业人士对笔记本电脑进行了对比。
对比一下。

图 6-40

👎 不能这么做

先从动机助推器开始，然后才是搜索目的。

45 499名专业人士在这里进行了对比 | 对比一下。
广告 www.laptopscompared.com/
如何选购一台新的笔记本电脑？

图 6-41

下面是三个更具体的动机助推器应用例子：稀缺性原则、预期的热情原则以及原因原则与规避损失原则相结合。

动机助推器 1：稀缺性原则

如何选购一台新的笔记本电脑？

广告 www.laptopscompared.com/

只有二月有大折扣。对比一下。

动机助推器 2：预期的热情原则

如何选购一台新的笔记本电脑？

广告 www.laptopscompared.com/

打开最适合你的笔记本电脑。对比一下。

动机助推器 3：原因原则与规避损失原则相结合

如何选购一台新的笔记本电脑？

广告 www.laptopscompared.com/

在购买前做好研究可以预防不良购物体验。对比一下。

6.6.3　用抽积木技术修改广告内容

最后再介绍一个实用技巧——抽积木技术（详见 4.5 节）。搜索引擎限制了你可以在广告中使用的字和词的数量。这些限制数量一直在变化，但在编写本书时，标题可以由 30 个字符组成，包括空格。字数虽然是有限的，但通过抽积木技术，你总能缩短信息。首先写下所有能想到的东西，然后删除所有不必要的文字。不必追求最大数量的文字，因为文本越短，被阅读的机会就越大。

6.7　登录页

一旦你用广告或电子邮件吸引了访问者，他们就会被引导进入你的登录页。这是说服过程真正开始的地方。在登录页上，访问者会决定是去你的网站碰碰运气还是回到他们正在做的事情上。

登录页的平均转化率约为 4%，具体取决于行业性质。这是一个有趣的事实，但仅此而已。你的"表现"价值与访问者访问首页所产生的成本有关。例如，只要广告成本足够低，即使 0.4% 的转化率也有利可图。因此，不要拘泥于这种基准。

希望这 4% 能让你意识到大多数访问者通常不会做你想让他们做的事情。希望这个数据没有吓到你。

6.7.1　没有完美的模板

你可以在网上找到"理想登录页"的各种模板。但根据经验，我们可以告诉你，真正的理想登录页模板并不存在。有时，一个包含子页面的扩展登录页效果很好；但更多时候，简短的页面更有效。成功的登录页形状和大小各异。

理想的尺寸和布局取决于你提供的产品类型和你要求的行为类型。

区别是你的客户可以在多大程度上改变他们的决定。

对于线上付费课程或其他形式的线上付费内容，在大多数情况下，客户无法退款，因为他们可以立即获得访问权，从中受益。在这种情况下，潜在客户希望提前知道所有的细节。我将学到什么？课程材料是什么样子的？谁是老师？其他学生是谁？入学要求是什么？如果你想说服某人注册，你必须在登录页上回答这些问题。

然而，如果你要求的承诺不那么重要，例如，当你要求访问者安装一个应用程序的试用版本时，那么你登录页的信息范围就不必那么广，而应该集中于吸引人们免费注册。再例如，预约一个销售会议时，你需要提供的信息比销售线上内容要提供的信息少得多，因为前者在展示了期望行为后，访问者仍然不受任何约束。

因此，想让用户在时间上和金钱上做出承诺，你就需要考虑两者之间的平衡，并相应地调整登录页的"综合性"。

6.7.2　登录页要"软着陆"

好的登录页的另一个方面是"软着陆"，可以把它比作一次商务会议。

假设你和某人约定在他的办公室见面。你经过接待处，进入走廊，看到了白色的墙壁、水泥地面、偶尔出现的抽象艺术品。然而，当你来到他的办公室时，装修风格突变：木制的暗红色地板，覆盖着传统英国花卉壁纸的墙壁，悬挂着一盏古董吊灯的天花板。这时你就会怀疑你来对地方了吗？系统 1 会自动发出警告信号：要注意了，这里有点可疑。

如果登录页的设计与广告的设计风格相差太大，那么类似的事情就可能会在网上发生。如果转变不符合逻辑，人们会感受到轻微的不适。这种"硬着陆"带来的不良后果就是访问者——你煞费苦心地引导进入登录页的人——通常会回到他们原来的地方，如图 6-42 所示。这一点一定要避免。

图 6-42

你可以通过"软着陆"来避免这种情况：从广告到登录页的转化要符合逻辑。例如，通过使用相同的图片、调色板、字体和文字，在视觉上、文案上使登录页与广告保持一致。单击后，访问者需要这些类型的可识别元素，才能相信他们点击进入的地方是正确的，如图 6-43 所示。

广告　　　　　　　　　　　　　　　　　"软着陆"的登录页

图 6-43

6.7.3　软化Cookie通知

如果你设计了一个很好的"软着陆"登录页，还需要注意另外一个风险：Cookie 通知。由于隐私法的原因，Cookie 通知变得越来越广泛，尽管你的设计是为了实现"软着陆"，但仍然会造成紧张的过渡。尽量确保 Cookie 通知不占用页面太多空间，并调整设计以匹配你的活动。

6.7.4 仔细考虑登录页的主视觉

登录页中，访问者看到的第一个视觉效果，在专业术语中称为"主视觉"或"英雄形象"。如果你的设计包含多个图像或视频，这很好，但更重要的一点是：访问者看到的第一个图像对他们是否停留在你的首页上有着决定性作用。第一印象是最重要的。

1. 新产品：主视觉可以提供清晰性

例如你有一个人们还不太熟悉的新产品，请使用主视觉帮助访问者理解你的产品，这将提高他们的能力。因此，在推广一款新应用时，展示一个手机的框架，其中包含该应用的使用说明和独特性的截图。不要展示登录界面，因为每个应用都有登录界面。

2. 熟悉的产品：激励

如果你有一个产品，你可以假设访问者知道它是什么，知道它是如何工作的，考虑使用主视觉来刺激它们。与访问者产生正确的情感共鸣就是一个很好的方法。例如，如果你要推销一次家庭旅游，请以一张快乐轻松的家庭照片作为开场白；如果你要销售培训课程，请向正准备获得文凭的人展示那些在专业领域中努力运用所学知识的人。

不确定使用哪种主视觉？一定要选择能提高访问者能力的视觉效果，如图 6-44 所示。因为如果他们不明白你提供了什么，他们无论如何也不会成为客户。无知是福，但在转化时这句话就行不通了。

6.7.5 来一场电梯法则

假设你和一位富有的投资者同坐一部电梯，从二楼到十一楼，你有五秒钟的时间推销你的商业计划书。你会全力以赴的，对吗？一个简短但令人信服的电梯法则可能会说服他，并拿到他的名片。网络世界也一样：在这里，你也有五秒钟的时间给人留下印象，吸引访问者的注意力（如图 6-45 所示）。

计算机桌面　　　　　　　　　　手机屏幕

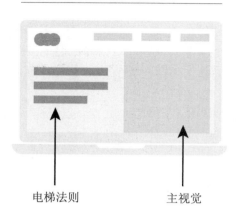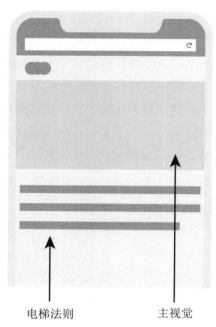

图 6-44

扫码看彩图

图 6-45

1. 电梯法则要保持简短

线上电梯法则必须简短，最好是以大字体展示，这将最大限度地提高其被阅读的机会。因为行为设计师通常倾向于用小字体展示冗长的文本。所以，试着用两句话告诉访问者一些事情，这些话总共不超过三行。

2. 电梯法则要告诉他们你能提供什么

你在电梯法则中告诉访问者的内容至少要包含他们能在该页面上做什么。

换句话说，你能提供什么？因为这就是一切。如果你还剩下一行字，你可以简短地介绍一下独特的部分。

6.7.6　对齐文本、号召行动

在电梯的正下方通常有一个按钮：行动要求。这个按钮和上面的文字的奇妙之处在于，它能让访问者立即明白他们可以在你的网站上做什么。这意味着你不必在电梯里告诉他们。换言之，尝试调整电梯法则的设计和行动要求。请看图 6-46、图 6-47 和图 6-48。

👍 清楚地

可以很清楚地知道你能做什么，不能做什么，你的优势是什么。

以 3% 的诱人利率向新兴国家的小企业家贷款。选择适合你的项目。

👎 不清楚地

在这里，你可能并不清楚你是否可以借出或借入，也不清楚你可以在这里做点什么。它也可能是一个关于新兴国家企业家的博客。

为新兴国家的小企业家提供贷款。

图 6-46

👍 👍 更好的做法

"选择一个项目"按钮清楚地表明你可以在此处选择一个项目。因此，你不需要在你的电梯法则中提到这一点。

以 3% 的诱人利率向新兴国家的小企业家贷款。

选择一个项目

图 6-47

👍 清楚

很明显这是关于他们的执行项目——电子学习技术。

👎 不清楚

这并没有说明是什么解决方案。

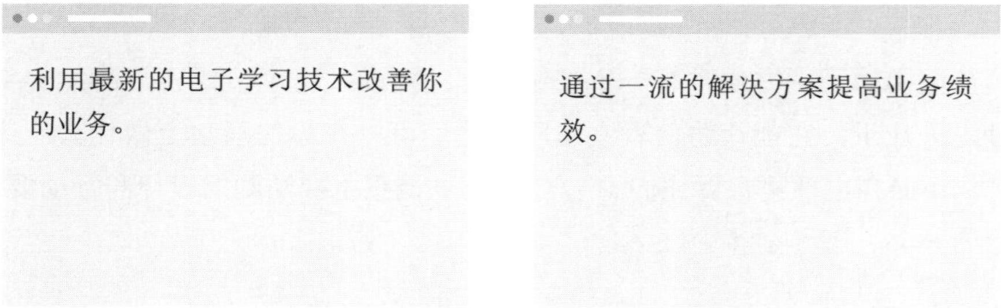

利用最新的电子学习技术改善你的业务。

通过一流的解决方案提高业务绩效。

图 6-48

　　与干扰营销中使用的文本相反（详见 6.2 节），电梯法则的文本主要侧重于系统 2。虽然你不是在为一个 7 岁的孩子设计内容，但你还是应该保持简单。否则，访问者可能无法在五秒钟内理解内容。

五秒钟的测试

　　让一个随机路过的人对你的设计进行五秒钟的观察，这是测试电梯法则是否符合五秒钟规则的一个简单方法。这个设计可以是一个简单的草图，只要能看到主视觉、文本和行动要求即可。如果路过的人在五秒钟后可以明白你提供的是什么，那么你的电梯法则就足够短且足够清晰。

6.7.7　传达功能还是传达优势

　　作为一个线上营销人员，你可能会面临这样一个困境：你不知道该传达其功能还是优势？这个问题没有明确的答案，这完全取决于你的产品或服务，以及访问者对它的熟悉程度。请看图 6-49 所示的两个电梯法则。

　　第一个营销介绍了产品 X 的优势。但 X 到底是什么？是车间？工具？还是一个人？这不清楚。这就是为什么第二个营销看起来更好，它清楚地表明，这是一个至少具有两个功能的软件应用程序：搜索功能，以及你可以在所有设备上使用该应用程序。

优势	功能
X 可以帮助你将具有不同角色、职责和目标的人员协调到一个共同的目标上,让他们一起完成一个项目。	Y 是一个团队交流的平台,一切都集中在一个地方,可以立即搜索,随时随地可用。

图 6-49

1. 视情况而定

这两个例子是真实案例。第一个营销产品 X 的例子是在 Basecamp 的网站上,第二个营销产品 Y 的例子是在 Slack 的网站上。这两家公司都在为线上写作提供有竞争力的工具,因此推出了类似的产品。如果你确定访问者已经知道你的产品,那么请说出产品的好处和最终的"有用性",因为这些内容很有说服力,就像 Basecamp 一样。但是,如果访问者还不了解你提供的是什么样的产品,说出这些优势和它们的有用性将不足以说服他们。出于这个原因,当时默默无闻的 Slack 公司决定在其宣传中具体说明它是一个软件工具。因此,理想的宣传内容取决于受众对你产品的了解程度。

2. 告诉人们你为什么更好

有时,你的产品的好处是如此明显,它不需要说服价值。在这种情况下,更明智的做法是在你的电梯法则中专注于介绍产品的独特性。汽车就是一个很明显的例子。命名汽车的有用性不会带来什么改变,因为它适用于所有汽车。但事实上,你的车配有一个大油箱,可以让你在加满油的情况下进行 600 英里的旅程,这确实会有所不同。因此,在创建电梯法则时,始终在"什么""为什么"和"为什么我比其他人更好"之间做出深思熟虑的选择。

6.7.8　列出三个优点,三个!

"三"在说服世界中有着神奇的效果。行为科学家库尔特·卡尔森(Kurt Karlson)和苏珊娜·舒(Suzanne Shu)的一项研究表明,人们发现三个优点比两个、四个、五个或六个优点会更令人信服。为什么呢?两个优点没有太大的吸引力，四个或更多的优点可能会让人觉得过于自夸。所以，如果你已经想到了三个最重要的优点，就不要再列举一个巨大的优势清单了，这样访问者会非常感激。请看图 6-50 这一例子。

👍 这么做	👎 不能这么做
三大优点。	两个或四个优点。
✔ 洁白牙齿	✔ 洁白牙齿
✔ 健康牙龈	✔ 健康牙龈
✔ 清新的气息	✔ 减少患龋齿的风险
	✔ 清新的气息

图 6-50

请注意，这主要是对产品优点的总结。最好在你的首页顶部显示这样一个清单，例如，电梯法则内容的正下方。如果你正在寻找最重要的优点，你可以通过线上民意调查或问卷调查咨询你的客户。

所有其他优点都可以在首页的其他位置提及，例如，在运行文本中或以推荐的形式提及。

6.6.9　访问者了解后的下一步：赢得信任

一旦访问者对你要提供的东西有了初步了解，就该进行下一步了——赢得信任。如果产品的名气还不大，访问者会自动寻找证据来决定你是否值得信任。因此，请在首页上部区域使用能激发这种信心的元素。在线上环境中，社会认同和权威性非常适合这一点。

1. 社会认同：评论

经验表明，如果没有客户评论，说服线上访问者变得越来越困难。因此，将他们的评论摘要放在你的页面顶部，得分最好是十颗星中至少有八颗星，或者五颗星中至少有四颗星。还要提到评论的总数，并为访问者提供浏览所有评论的按钮。这样，他们就更相信评论的真实性了。

除了评论之外，还有其他方法可以让访问者感觉到他们并不是唯一的顾客。如果你尚未收集任何评论或没有足够的评论，你可以展示下面这些内容。例如：

- 今天产生了 20 次交易。

- 1856 名学生在这里获得了毕业证书。
- 20 位感兴趣的人正在关注此优惠。
- 本周共有 239 名专业人士注册并开始试用。

如果你需要更多的灵感，可参见 3.4 节。

2. 权威性：标志和质量标签

为了获得访问者的信任，你可以在首页顶部显示受信任方的 Logo 和标签。当你的产品还没有名气时，这种方法尤其管用。举几个例子：

- 经消费者协会测试为最佳。
- 美国电子学习协会成员。
- 慈善机构 bbb 或 ncvo 质量标签。
- 报道过你的报纸的 Logo。
- 电视广告画面（如果您曾出现在某个节目中或正在电视上投放广告活动）。
- 你持有的证书。
- 奖项和提名。

除了这些内容之外，你还可以稍微强调一下自己的权威性。例如，向来访者展示你美丽的办公室或经验丰富、训练有素的专业团队。你也可以列出你支持的慈善机构。

如果你需要更多的灵感，可参见 3.5 节。

权威标志、标签和内容要设置为不可点击的形式。否则，访问者可能会点击了这些东西而离开首页，而不是继续做你期望的行为。

3. 漂亮的设计 = 权威性

美观、平衡和专业的设计能增加你的权威性，并为访问者带来更多信心，这对时尚设计师来说是个好消息。这也会增加转化率。在 B.J. 福格的一项调查中，近一半的受访者表示，漂亮的设计会增加网站的可信度。

但别高兴得太早！按钮不仅要有赏心悦目的设计，还要表达出清晰的意思（详见 2.4 节）。最重要的是，漂亮的图片应该通过激发用户的预期和解释产品的能力而具有说服力（详见 3.2 节）。

6.7.10　在视觉上说服访问者

前面内容讨论过页面的主视觉。但是对于主视觉之外的其余部分，视觉传达也是必不可少的。作为一名线上行为设计师，你有望访问大量图片和视频库，或者你可能有拍摄照片的预算，或者作为最后的手段，你有着高质量的库存照片。当选择产品图片时，你应该考虑三种说服原则：激发预期的热情、可视化潜在需求和提供解释。

1. 激发预期的热情

你的照片和视频的第一个说服原则，应是向访问者展示他们在完成所需行为后可以获得的奖励，这会产生"预期的热情"（详见 3.2 节）。例如，你可以展示他们未来将收到的实物产品，还可以展示开箱时刻、产品用途，甚至可以展示产品最终结果。即时奖励或不久将来的奖励对人们的潜意识大脑有着最强烈的影响，所以你可以通过不久将来的奖励来创造这种预期热情的效果。请看表 6-5 的四个例子。

表 6-5

产品	即时奖励：更即时	延期奖励：更有价值
软件设计	软件屏幕的一些屏幕截图或视频	展示最终结果：成功的设计和满意的客户
线上课程	预览可访问的教学材料	学生们自豪地举起文凭
咨询	在实践中，咨询顾问访问客户并创建解决问题的计划	通过上升图和和谐工作的团队获得更多利润和更好的协作
飞行旅游假日	通过电子邮件发送的机票预览	舒适的飞行，一个美丽的目的地，回家时的轻松感，或者一本承载着特别回忆的相册

2. 可视化基本需求

你的照片和视频的第二个说服原则是将潜在需求可视化。你可以通过展示你的产品对感情的积极影响来达到目的（详见 3.3 节）。请看表 6-6 的三个例子。

表 6-6

产品	潜在需求	视觉资料
冬大衣	舒适、不冷	在冬天的风景中，有一个穿着冬衣微笑御寒的人
昂贵的冬衣	被认可、被羡慕	被朋友围绕着的一个穿着冬衣的人
保险	安全无风险	一个无忧无虑的家庭

3. 提供解释

照片和视频的第三种说服原则是，为产品 / 服务工作原理的插图和信息图表提供解释信息。一张图片往往能被解读出许多内容，这适用于线上环境。

访问者越了解其工作原理，他们就越有可能说"是"。请看表 6-7 的三个例子。

表 6-7

产品	解释说明	视觉支持
约会软件	App 的工作原理	展示可以解释主要功能工作原理的屏幕截图
调制解调器	如何安装调制解调器	设计一系列说明如何安装调制解调器的插图
财产评估	程序如何运作	通过摄影将这些步骤可视化——客户要求预约，评估员过来，客户收到评估报告

4. 正确的组合

要使用不同类型的图像组合来进行视觉上的说服——一张图片引起情感共鸣，另一张图片用来解释你的产品的工作原理。你不必担心是否有足够的空间容纳这些图像，因为一个首页可能会很长。更重要的是，你还可以从登录页进行"短途旅行"，检验图像组合是否合理。本章后面部分将对此进行详细说明。

6.7.11　巧妙地使用视频

视频可以以一种有吸引力的方式展示你的产品及其工作原理。如果你的视频满足下面几个要求，将大大有益于你的转化。否则，视频往往会适得其反。记住四个要求：可预测、不要拐弯抹角、小心使用视频背景，以及使用播放按钮。

1. 可预测

首先，访问者应该事先清楚视频的内容。线上有很多视频，观看视频也需要时间。访问者并不想在观看视频之后才发现它与他们的期望不符，所以，他们经常会犹豫不决。在主屏幕上明确视频内容可以消除这种不确定感。举几个例子：

- 看看我们工作室。
- 爱德华介绍了粉末涂料的五种独特性能。
- 如何组装这件家具。

2. 不要拐弯抹角

其次，请立即开始陈述你的信息。许多线上视频喜欢有 5~10 秒带有悬疑音乐和动态 Logo 的华丽开场白。如果人们想坐下来观看，这可能在电视上行得通，然而，在线上这纯属于浪费时间，因为访问者已经在左上角看到了你的 Logo。

更重要的是，他们在线上更喜欢直接进入正题。所以，开门见山，直叙其事。

3. 小心使用视频背景

注意视频背景。这种类型的视频可以为你的页面蒙上一种高级感，但只有当它很微妙并且不会分散目标网页本身的文字时才会起作用。热闹的视频很难让访问者集中注意力，这反过来又减少了转化的机会。

4. 使用播放按钮

最后，永远不要让访问者考虑如何才能播放视频。因此，播放按钮对于创造足够的功能可见性是必不可少的。

6.7.12　与导航相比，返回按钮更有优势

在介绍你的产品或服务时，你可能有很多话要讲，如果你将它们全部列出，你的首页会很长。在这种情况下，你可能倾向于设计一个包含多个页面、一个主导航、一个子导航的活动网站，但是这种方式大大增加了交互的复杂性，如图 6-51 所示。

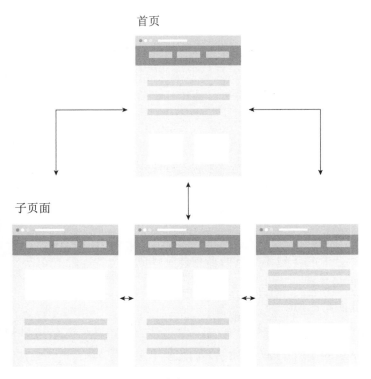

图 6-51

此外，展示菜单会给访问者一种随便逛逛的提示。就福格行为模型而言，展示菜单是一个强有力的导航提示。而这通常不是我们想要的。

如果访问者按照你精心安排的顺序接受有说服力的内容，那么这是最好的，以便迈出下一步，最终进行转化。因此，如果你想控制并降低复杂性，最好使用详情页，而不是构建网站结构。详情页只提供一种交互——关闭按钮或返回按钮返回登录页。通过这种方式，访问者可以进行小范围的支路旅行，但他们总是会返回到你的登录页，如图 6-52 所示。

首页　　　　　　　详情页

更多

返回

带有返回按钮的详情页非常简单，能控制访问者的路线。

图 6-52

与操作主导航和子导航相比，放大和缩小详情页需要更少的脑力劳动。此外，详情页使你能够更好地控制访问者的路线，从而更好地控制期望行为。

详情页上的返回按钮是你想要的行为的提示。所以，给这个按钮一个"黏性"的设计，它应该总是可见的，吸引访问者返回到你的主页。

6.7.13　提供清晰的结构

一些主页需要许多不同的信息块来通知和说服访问者，有节奏和清晰的标题有助于吸引访问者的注意力。

1. 节奏

保持信息块简短，保证标题可被快速浏览，这就给你的页面注入了节奏（详见 4.9 节）。

2. 标题

将首页上的标题视为"继续阅读的提示"，鼓励访问者继续滚动。换句话说，这些标题需要引起注意。你可以通过加大字体或提供动画来实现这一点，只要你可以合理地预测访问者的进度，例如你预测访问者已阅读了上一个内容，动画就开始自动播放。

使用疑问句可以让浏览变得更容易。内容块的内容可回答标题中提出的问题，例如：

- 如何安装？
- 入学要求是什么？
- 我多久可以访问？

如果你选择问题形式，请确保你始终这样做，这将提高访问者有效获取信息的能力。如果你想让你的标题更有说服力，你可以使用好奇心原则或额外利益原则（详见第 2 章）。

①额外利益：

- 不再起雾的眼镜。
- 1 月 1 日前订购可免费维修套件。

②好奇心：

- 我们学生这么说。
- 不这样做的三个原因。

6.7.14　传达稀缺性

稀缺性给了访问者一个立即行动的理由，而不是事后再行动。如果稀缺性是你活动的"诱饵"，我们建议你在主页顶部位置传达这种稀缺性。举几个例子：

- 只剩下 72 张早鸟票。

- 本次促销活动将在 2 天后结束。
- 还有 47 个座位。

这里的一个条件是访问者非常了解你的产品或服务，并对其充满热情；否则，运用稀缺性原则可能会引起愤怒和挫折。所以，如果产品还是新产品或者访问者不太了解产品，请从建立信任开始，激发访问者对你的产品或服务的渴望，再以微妙和真实的方式传达稀缺性（如图 6-53 所示）。

图 6-53

6.7.15　行动要求

访问者登录后，你想要的第一个行为是他们阅读你的文案并查看你精心挑选的视频和图片，然后，你可以设计一个行动要求，作为下一个小行为的提示。例如，行动要求为输入个人数据、配置产品或选择不同的应用程序包。

有些人还没看完文案和图片就被说服了。所以，不仅要在页面底部设置行动要求，还要在各个地方设置行动要求，这么做绝对是明智的。你还可以将行动要求的按钮设置成"黏性"按钮，让按钮始终显示在屏幕上，不随着页面滚动而滚动。但是，这样做有可能会让访问者产生一种适应行为，类似于横幅盲症。通过巧妙地移动按钮，你可以让访问者知道你希望他们做什么。

6.7.16　行动要求必须在首屏吗

转化时一个常见规则是，行动要求必须位于网页的可见部分：在视线内或在首屏。然而，A/B 测试证明这根本没必要。事实上，如果你不要求访问者立即点击，转化率有时会更高。如果你真的想这样做（让行动要求位于网页的可见部分），通常很难将你的电梯法则、你的产品或服务的优势以及你的主视觉塞进一个小（移动）屏幕上。此外，这种填鸭式的设计对外观和简洁性没有任何作用。

同时，你不应该把行动要求放在主页太低的位置。按钮通常具有功能性和信息性两个价值，你的"行动要求"文本清楚地表明了访问者可以在页面上执行的操作，如表 6-8 所示。

表 6-8

按钮	信息价值
配置	清楚地表明人们可以配置和定制你的产品
付款	说明人们可以线上订购此产品，这并不常见

1. 使用小步骤

如果你不确定行动要求该使用严厉的语气还是温和的语气，则温和的语气通常会更好。它包含一小步，而不是一大步。比较表 6-9 的按钮文本。

表 6-9

硬性行动要求	软性行动要求
投资	决定你想投资多少钱
现在订阅	配置你的订阅内容
购买	来付款吧

那么，什么时候采取硬性行动要求效果更好呢？如果你有一个低价格的临时促销活动。在这种情况下，"立即订购"和"立即注册"等文本有时效果会更好，因为它们强调了稀缺性。

如果你的主页吸引了大量的访问者，我们建议你尝试一下使用行动要求。你很快就会发现哪一个最适合你。

2. 添加福利

你可以通过加入一项福利使你的行动要求更具吸引力。但是，只有在能够保持简单的情况下才能执行此操作，如图 6-54 所示。

图 6-54 中，后一个例子中显示的长按钮文本不仅难以阅读，而且太宽了。所以，这个按钮不像按钮了，降低了功能可见性（详见 2.4 节）。

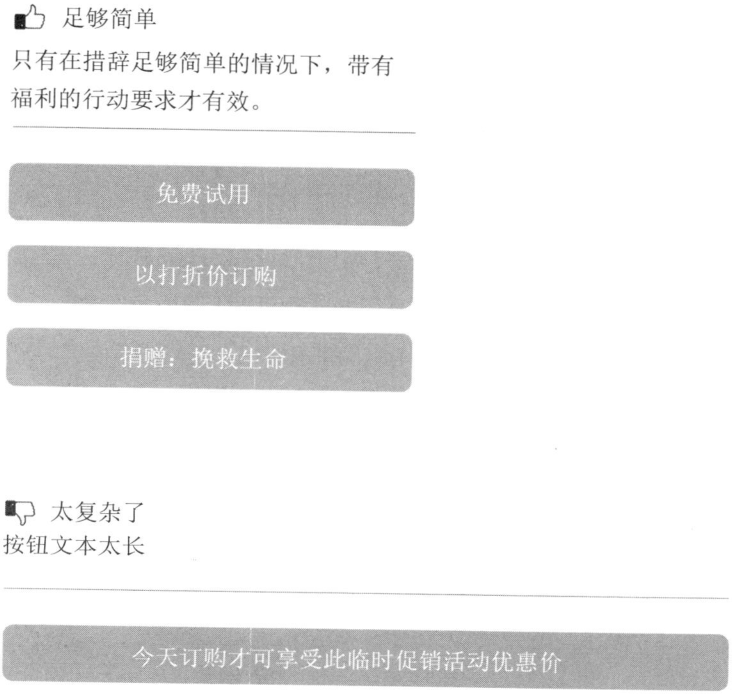

👍 足够简单

只有在措辞足够简单的情况下，带有
福利的行动要求才有效。

免费试用

以打折价订购

捐赠：挽救生命

👎 太复杂了
按钮文本太长

今天订购才可享受此临时促销活动优惠价

图 6-54

6.8　产品详情页

如果你在线上环境中展示多个产品，请为每个产品创建一个单独的产品详情页。产品详情页上有说服访问者订购产品所需的所有信息。这就是产品详情页在线上影响力中发挥着关键作用的原因。

在许多方面，产品详情页与登录页类似。所以，6.7 节中的许多原理和应用都可以用于产品详情页。但还有一些实用技巧和应用是产品详情页特有的，本节将列出这些原则，重点围绕可以线上订购的实体产品，其中的大多数原则也适用于数字产品。

6.8.1　产品详情页为"宇宙的中心"

线上订购产品对访问者提出了更高的要求，主要是因为他们手中没有产品，也没有与卖家或客服直接沟通。因此，在大多数情况下，访问者完全依赖于你在产品详情页上提供的信息。

研究表明，高转化率的产品详情页往往能回答访问者可能提出的所有问题。你可以通过仔细检查（潜在）客户对客服提出的问题，或通过研究，找出他们可能提出的问题（详见 6.10 节）。

这些问题通常不是关于产品本身，而是关于订购过程的：

- 我怎么获得产品？
- 交付方式是什么？
- 是否有其他额外费用？
- 如果我不在家，包裹是否可以送到邻居家？
- 送货员是否负责组装产品，还是必须自己组装？

许多线上提供商容易犯这样一个错误，他们只在网站的常规页上提供交付信息，其他页面则没有提供。但访问者很可能会通过搜索引擎、比较网站或广告直接进入产品详情页。此外，线上访问者通常会打开多个网店的浏览窗口，这时如果访问者想知道产品的交付方式和交付时间，你就必须及时提供这些信息。否则，访问者就需要自己寻找这些信息。结果，他们浪费了很多时间，付出了很多脑力劳动，这本不必要。最后，他们的能力降低了，转化的机会也随之降低。

　　确保产品详情页提供了产品的所有信息。这样做可能会让人觉得重复，但对于访问者来说，将所有信息放在一个地方是很好且很清晰的事情，尤其是当他们将你的价格与其他供应商的价格进行比较时。

　　这就是你应该将产品详情页视为"宇宙的中心"的原因。在任何情况下，它都始终应该包含以下信息：

- 产品照片。
- 产品信息。
- 评论。
- 关于购买过程的信息。
- 关于最终价格的信息。
- 关于供应商的信息。

下面将更详细地介绍这些内容。

6.8.2　产品照片

　　产品形象是至关重要的，它们可以确保访问者生动地想象拥有后和使用产品时的情景，从而产生预期的热情（详见 3.2 节）。

　　许多实验表明，图片越大越逼真，转化的机会就越大。线上销售产品很少使用极小的产品图。此外，最好使用多张图片。试着从各个角度拍摄产品，并用特写镜头展示重要的细节，帮助访问者想象产品。

　　成功的网店通常将各种产品图片呈现为一行缩略图（小图片），访问者可以点击放大图片。这很聪明，因为放大产品图片和放大细节有助于让访问者产生手中拿着产品的感觉。根据消费者研究人员乔安·佩克（Joann Peck）和苏珊娜·舒（Suzanne Shu）的说法，如果消费者与产品有身体接触，这会让消费者对产品形成更高的评价和更高的评估价值。

　　为了充分想象产品的使用情况，你可以展示人们开箱或使用产品的照片。请注意，访问者应该对图片中的人物有认同感，否则可能适得其反。例如，如果你的目标受众是 50 岁以上的人，就不要使用年轻人的照片。

　　提示一下，记得从与视线水平的角度拍摄照片。这同样适用于视频。这一提示有助于让访问者想象拥有和使用产品时的真实场景。在这方面，你帮助访问者越多，你就越能激发访问者的热情。

啦啦队效应

一个有趣的事实是，对于某个人，对比他被很多人围绕的合影和他的单人照片，你会发现这个人在合影中要比他在单人照片中"更有魅力"。人们无意识地将一群人的美好品质投射到该群体中的所有人身上。在心理学上，这被称为"啦啦队效应"（如图 6-55 所示）。

扫码看彩图

图 6-55

作为一名行为设计师，你可以利用这种效果来增加产品的感知价值（详见 3.10 节）。例如，你可以将一个产品添加到访问者觉得有吸引力的产品系列中。人们喜欢标准煎锅是因为它是一整套最先进的煎锅中的一个。如图 6-56 所示，充电线在昂贵的 iPhone 旁边看起来比单独时要好看得多。

👍 啦啦队效应

当充电线放在昂贵的手机旁边时，它会变得更有价值。

👎 单独存在时

感觉价值不高。

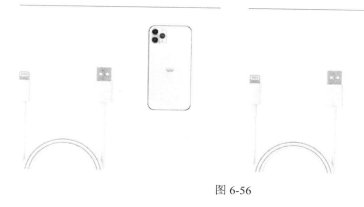

图 6-56

6.8.3　产品信息

你回答关于产品的问题越多，访问者问的问题就越少。在提供产品信息时，一定要注意以下几个方面：

- 产品对客户有什么用？

这种运动饮料可以在运动中提供能量，并有在运动后恢复肌肉的效果。

- 什么物质让产品起了作用？

这款面霜含有阿吉林。这种物质可以放松你的面部肌肉，因此你的脸上不太容易长出皱纹。

- 产品的独特之处是什么？

这辆自行车是该品牌最便宜的城市自行车。

产品最重要的属性清单通常也非常有效。实践中，在小工具和营养补充剂这样的产品详情页上，要点清单主要有助于表明有用的产品技术。然而，对于奢侈品和名牌商品来说，一份属性清单或表单更有可能会减损"奢华"的感觉。这时，一篇漂亮的文章往往是更好的选择。

最后，最好对最重要的信息进行汇总。可以在点击后隐藏不太重要的信息（如详细规格），以保持产品详情页清晰且易于浏览（详见 6.7 节）。

6.8.4　评论

如今，如果没有可信的评论，网上销售产品就会很困难。3.4 节提供了一系列提示，帮助你以最佳方式展示评论。

人们经常问我们，需要多少评论才能提供社会认同感？就我们而言，没有"标准下限"；所需的最少评论量取决于你的产品。例如，对于更昂贵的交易，人们倾向于寻求更多的确认信息。根据经验，评论越多越好，同类人的评论越多越好。

如果一个产品的评论少于 10 条，那么你可以试着展示网店的总评论量，这可能是一个提供足够社会认同的解决方案。

6.8.5　传达关于购买过程的信息

对于转化，交付信息至少与产品信息本身一样重要。因此，在人们下单之前，要传达有关购买过程的信息。

例如，如果你正在为你的伴侣订购礼物，你希望能按时收到，并且在伴侣不在家的时候收到。在实践中，许多产品详情页并不能做到这一点。这些都是错失的机会。

此外，在设计或分析产品详情页时，请牢记付款方式、交货时间和交货方法。下面将引导你完成它们。

1. 付款方式

购买过程的早期就要告诉访问者他们该如何付款（不仅仅是在付款时）。例如，回答以下问题：

- 有哪些付款方式？
- 如果用信用卡付款，是否要额外收费？
- 可以分期付款吗？
- 可以货到付款吗？

2. 时间

提供时间方面的清晰性和确定性。考虑以下问题：

- 什么时候会收到产品？
- 什么时候会收到发票？
- 什么时候可以使用产品？（如果是数字产品）

- 取消订单的期限是多久？
- 付款期限是多久？

3. 交付方式

解释产品的交付细节。例如，基于这些问题：

- 包裹能塞进信箱里吗？
- 包裹能穿过门放到里面吗？
- 我必须待在家里才能收到包裹吗？
- 如果我不在家，我的包裹会放到哪里呢？
- 我的包裹能送到门口吗？

如果你没有回答这些问题，就有可能导致弃单。找到答案的时间越长，访问者改变主意的可能性就越大。因此，请将此类信息放在可找到的位置，并从访问者的角度编写清晰的标题。请看表 6-10 中的三个例子。

表 6-10

公司的角度（不清楚）	访问者的角度（明确）
交货条款和条件	我什么时候能收到产品？
订购程序	该如何订购？
送货信息	这个包裹能塞进信箱里吗？

6.8.6　传达最终价格

明确产品或服务的价格。当查看访问者的足迹时，有时你会发现他们进到付款页就没有下一步操作了，这说明他们想查看订单的最终金额。

为什么呢？也许是因为许多网站在客户旅程的后期增加了额外的费用。我们认为这并不明智。一开始就将价格透明化，你可以为访问者节省大量时间。此外，他们会欣赏你的坦诚，这将提高他们的能力和动机。因此，你应该始终在产品详情页上注明总价格，包括交付费用、管理费用、预订费用和所有其他费用。

6.8.7　包邮

没有人喜欢支付运费。事实上，花更多的钱去买一个产品比购买一个产品时支付运费感觉要好一点。这是为什么呢？最可能的解释是包邮总是好事。

你可以将物流成本计入产品价格，如图 6-57 所示。

👍 这么做	👎 不能这么做	
45.-	价格：	40.-
包邮	运费：	5.-
	总金额：	45.-

图 6-57

请注意，这个建议适用于特有产品。如果访问者也可以在另一家网店购买相同的产品，那么你的价格可能会给人一种更高费用的感觉。为了避免这种情况，零售商最好单独说明配送成本。

6.8.8　价格认知

无论是线上还是线下，零售商都在尽最大努力地降低价格。当看到价格（便宜或昂贵）时，人们所感受到的情绪部分取决于价格的呈现方式，这一点很重要。作为一名线上行为设计师，请记住以下两条价格认知的经验法则：

- 用尽可能少的像素来呈现费用。
- 视觉上强调访问者将收到的产品。

为了讲清楚，下面举了一些例子。

1. 省略货币符号

你可能已经注意到了，大多数网店的产品详情页上都没有货币符号，因为省略货币符号会提高转化率，如图 6-58 所示。这种做法有一个前提，即访问者明白他所看到的数字为价格。

👍 这么做	👎 不能这么做
45.-	$45.-

图 6-58

声明一下，如果你的网店支持多种货币，最好显示货币符号，以免混淆。

2. 不要使用大字体

不要在价格上加大字号。字体越小，无意识大脑就会觉得产品越便宜。

但有一种情况例外，那就是一个惊人的折扣价，在这种情况下，加大价格的字号是个好主意。

3. 不要使用小数位

数字越多，感觉越贵。因此，如果小数位不重要，就不要显示小数位了，如图 6-59 所示。

👍 这么做

👎 不能这么做

45.-
45

45.00

图 6-59

4. 对实用的产品使用非四舍五入的数字

研究表明，非四舍五入的数字（如 4.59）比四舍五入的数字（如 4.50）更公平。请注意，这种情况仅适用于通常被认为实用的产品上，如电池和设备。

5. 奢侈品一定要用四舍五入的数字

如果提供的产品属于奢侈品，小数点后的数字实际上会让人感觉"理性"。理性并不符合奢侈品这个类别。所以，奢侈品最好使用四舍五入的数字（如 120）。

6. 原价……现价……

本书前面讨论了锚定原则：如果人们在不久前看到一个高价格，当再看到一个低价格后他们就感觉价格变低了。经典的"原价……现价……"结构中的高价格可以是这样的锚，如图 6-60 所示。

👍 这么做

👎 不能这么做

~~400.-~~ 349-

现在价格 349-

图 6-60

这种结构的另一个优点是增加产品的感知价值。毕竟，系统 1 认为：越贵越好（详见 3.10 节）。

7. 重复折扣

重复折扣也是个好主意，你会自动将重点放在访问者即将收到的产品上，而不是在他们需要花费的费用上，如图 6-61 所示。

👍 这么做	👎 不能这么做
强调折扣。	过分强调价格。
~~400.-~~ 349- （已优惠 51）	现在价格 349-

图 6-61

8. 使价格看起来尽可能的高

最后，你有时可能希望让价格看起来尽可能的高。例如，当你提到折扣或当你想要传达免费时，上述所有规则的相反规定更适用，如图 6-62 所示。

👍 这么做	👎 不能这么做
价值 900 美元的免费手提箱。	价值 900 美元的免费手提箱。

图 6-62

6.8.9　关于你作为供应商的信息

线上购物的人通常会通过搜索引擎、比较网站或广告进入产品详情页。这意味着他们并不总是会经过你的主页。如果你的网店不是很出名，访问者很有可能会在某个时候想了解供应商的信息，这时，你不希望他们离开有说服力的产品详情页，进入主页。

因此，你应该在产品详情页上准备一个自我介绍。不一定非要写一个复杂的叙述文章，一个总结就足够了。这是关于能够回答访问者的最重要的问题。请看表 6-11 的几个例子。

表 6-11

构成部分	案例	说服原则
你的公司是做什么的？	我们为所有类型的复印机提供墨盒	提供明确的信息，以证明你是合适的公司
你的目标是什么？	我们的使命是尽快为客户服务，以便他们能够继续工作	当你向客户展示你所提供的价值时，他们会觉得你更有同理心
你的客户是谁？	我们为美国各地的公司和个人提供快递服务	这是一种社会认同（如果你的客户很有名，也是一种权威性）

续表

构成部分	案例	说服原则
你在这个领域深耕的时间？	自 1971 年以来……	你在这个领域的时间越长，就越有权威
你的基地在哪里？	我们在亚森和贝弗里克拥有自己的仓库	分享物理位置可以增强访问者的信心

即使你有一个"关于我们"的页面，也仍应在产品详情页上提供你的信息，这些信息可以在说服过程中发挥作用。

现在，你已经清楚了产品详情页中不应缺少哪些信息，是时候了解一下能让你的产品详情页更具说服力的其他方面了。下面将依次介绍布局、即时聊天或聊天机器人、稀缺性原则和行动要求。

6.8.10　产品详情页的布局

产品详情页的布局应使访问者轻松找到相应信息。可识别性和节奏在这方面很重要。

1. 可识别性

网店的布局设计尽可能与亚马逊或沃尔玛等网站布局相似。人们经常在这里购物，习惯了这些网站的运作方式。如果设计偏离了这一点，可能会使事情变得不必要的复杂。通常情况下，访问者能在左上角找到产品图片，图片旁边有价格、交货条件和订单按钮。另外，你还可以研究一下它们是如何展示评论的。

2. 节奏

为你的登录页和产品详情页引入节奏。例如，将所有产品信息放在一个清晰的概述中，并使各个信息块的标题易于浏览。

如果信息块太长，请将详细信息进行隐藏，单击后可以浏览全部内容。换句话说，在产品详情页上附上一个详细信息页，就像你在登录页上所做的那样。

6.8.11　选择即时聊天还是聊天机器人

这本书讲的是关于没有人工干预的自动说服。尽管如此，我们还是了解一下即时聊天和聊天机器人。回答访问者问题的一种用户友好的方式是，让专家通过聊天回答问题，这就是为什么提供即时聊天服务的网店通常有较高的转化率。然而，成功有两个条件：

- 你能够快速响应。

人们大多在办公以外的时间购物，所以晚上和周末你也应该能回答问题。

- 员工有能力回答问题。

换句话说，他们必须了解产品以及购买过程。

如果人工客服的成本较高，你可以考虑使用聊天机器人。由于现在的机器学习软件越来越智能，你可以训练它回答最常见的问题。如果聊天机器人沟通失败，你再将问题转交给人工客服。

6.8.12　传达稀缺性

传达稀缺性非常适用于产品详情页。正如你在 3.7 节中学到的，你可以单独或同时使用库存稀缺性和时间稀缺性这两种形式。

1. 库存稀缺性

如果你的库存有限，最好传达这种稀缺性，例如：

库存仅剩 5 件

库存少到什么程度才能让人体验到紧迫感呢？这取决于具体产品。对于一张餐桌而言，"仅剩 10 张"并没有那么稀缺，然而，对于正在销售的耳机，同样的声明会让你觉得你必须要采取行动了。

换句话说，库存稀缺性与访问者对库存缩水速度的预期有很大关系。为了更好地帮到访问者，你可以明确以下期望：

预计几天内售罄

你知道仅仅看到"库存"这个词就会影响系统 1 吗？这就是为什么即使库存充足，依然要标明"有货"。这暗示着库存是有限的，产品可能会在没有任何警告的情况下售罄，从而让访问者产生一种紧迫感。

2. 时间稀缺性

如果你想举办一场临时促销，一定要在产品详情页上进行沟通，即使它适用于你所有的产品。例如：

立即订购即可获得一张价值 5 美元的代金券。

此外，你还可以明确一个时间点，在这个时间点内下单可以确保访问者在第二天收货，以进一步激励人们。例如，像这样：

23:59 之前下单，明天即可送达！

3. 行动要求附近位置

产品详情页通常包含大量信息，因此我们建议你在行动要求按钮附近传达稀缺性。这样，稀缺性会给访问者一个必要的推动，以促进他们购买。

6.8.13　产品详情页上的行动要求

应用于登录页上的行动要求也适用于产品详情页。然而，这里有三条原则特别重要，下面将一一介绍它们：软性行动要求、霍布森 +1 和快捷方式。

1. 软性行动要求

要求一个小的承诺通常比要求一个大的承诺更明智（详见 3.6 节）。这同样适用于行动要求。这就是最好"温柔地"表述它们的原因，以下是"购买"的三个软性替代方案例子：

- 在购物车中。
- 添加到购物车。
- 去付款。

如果你为一种非常稀缺的产品（库存上或时间上）赋予一个很优惠的价格，最好用强硬的行动要求来强调紧迫性。例如：

- 立即订购。
- 立即下载。
- 立即注册。

2. 霍布森 +1

访问者可能还有疑问，这时，你并不希望他们弃单而离开，所以，除了主要的行动要求（"在购物车中"）之外，你还应该提供一个吸引较少视觉注意力的替代方案。例如：

- 添加到收藏夹。
- 加入愿望清单。
- 与朋友分享。

3. 快捷方式

在网店中使用购物车已经成为常态，但与直接购买相比，这是多余的步骤。对于想要快速订购物品的访问者来说，如果有一条直接购买路线是最好的，一个快捷路径有助于访问者的购买行为。例如：

- 我要付款。
- 立即支付。
- 一键下单。

6.9　付款页

现在到了客户旅程的最后一个环节，也是最困难的一个环节——付款。付款页指的是访问者在决定购买你的产品或服务后必须利用的平台。换句话说，他们最终决定与你做生意的地方。

所有线上环境几乎都有付款流程。在网店上的付款页，你会询问访问者的地址信息、付款信息和送货方式。在资讯邮件的付款页，你希望访问者留下他们的姓名、电子邮件地址和兴趣爱好，勾选复选框以签署协议。在为开发潜在客户举办的活动中的付款页，主要的任务是让他们填写联系方式。

你可能想知道这些付款方式与线上说服有什么关系。如果真实的说服已经发生了，那就只剩下按步骤填写了，不对吗？不幸的是，事情并没有这么简单。对访客流量的研究表明，付款环节弃单的人数多得惊人。总体而言，这一环节的占比超过 70%，2012 年至 2019 年间的 41 项研究都证明了这一点。

6.9.1　弃单说明

这一高比例在很大程度上可以用福格行为模型来解释：付款需要付出努力，而且通常是一项乏味的工作。如果访问者在这个时候没有很高的积极性，如果事情变得太困难，他们的兴趣很可能会消退。此外，许多访问者的订购环境是在工作场所或忙碌的家庭，因此，他们可能会因时间不足或其他事情而分心，过早离开付款页。

访问者弃单的另一个原因是他们在付款时对自己的购买行为没有足够的信心。之所以会出现在这里是因为他们想查看整个过程是否存在任何障碍，例如隐藏的费用或很长的交付时间。

6.9.2　设计付款时的两项任务

行为设计师在设计付款时有两项任务：

- 使付款变得简单高效。
- 继续激励访问者。

下面将解释如何做到这两点。

6.9.3 让访问者完成尽可能少的细节

福格行为模型预测，付款流程越容易，转化率越高。换句话说，尽量减少访问者需要输入的数据。线下销售领域也有一条类似的法则：一旦有人表示愿意购买，你就必须尽快完成交易。

问问自己你到底需要什么数据。出生日期、身份证号和电话号码是真正的转化杀手。所以，如果交易不需要它们，就不要要求访问者填写这些信息（图 6-63 所示是一个不推荐的示例）。

👎 不能这么做
事先询问信息要详细一点，后面的询问就更容易了。

图 6-63

　　提供额外的产品（捆绑销售）是访问者弃单的另一个原因。你所提供的一切都必须经过访问者确认，而且你所提供的任何东西都可能会引起访问者的怀疑。因此，将捆绑销售留到以后，最好是在访问者确认之后（如图 6-64 所示）。

👍 这么做

用尽可能少的数据完成尽可能快的交易。
决定以后还可以向访问者索要哪些数据，还应检查一下在合法的情况下哪些数据是你以后可以索要的，哪些是你以后不能索要的。

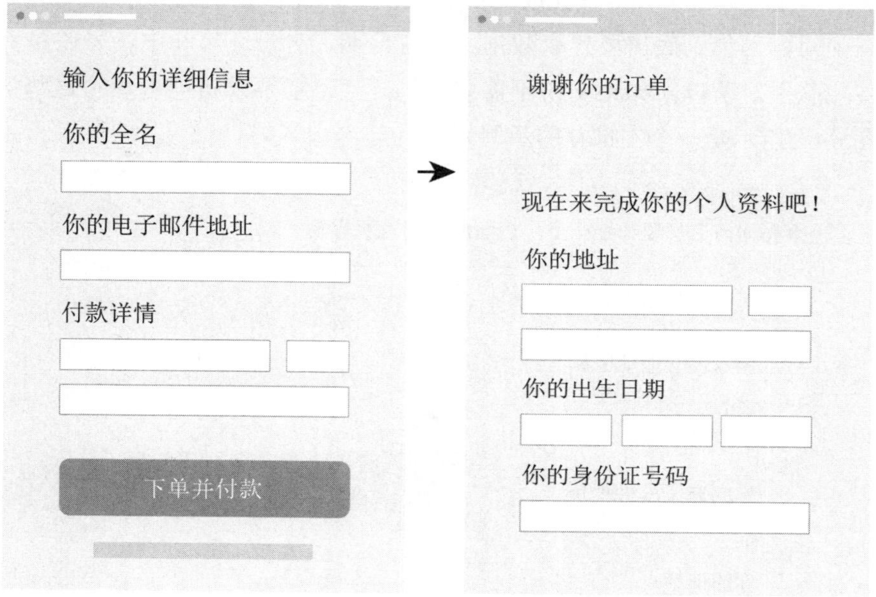

图 6-64

　　聪明的网店是这样设计的：访问者在付费后，只需点击一下就可以订购其他产品。填写兴趣简介或身份证号可以放在获得资讯邮件或订票许可后进行。

6.9.4　从询问不太隐私的信息开始

　　3.6 节中讲述了行为设计师最好从小承诺开始，而不是从大承诺开始。小的承诺（例如送货方式偏好）并不包括个人信息和需要访问者考虑很久的信息。始终把重要的承诺放在最后，例如地址信息，如图 6-65 所示。

👍 这么做

先询问非个人信息。

👎 不能这么做

从询问个人信息开始。

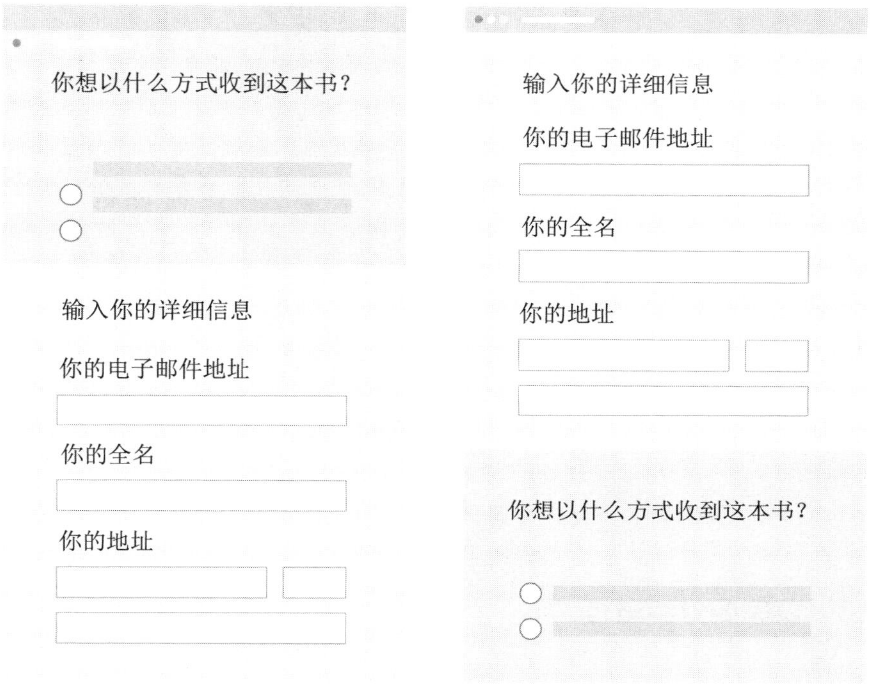

图 6-65

　　如果你最后问访问者详细的地址信息，那就先问一些不太私人的信息。让人们留下电子邮件地址要比留下电话号码或家庭地址更容易。特别是后者，会让人们感觉他们在泄露个人信息。另一方面，输入邮政编码感觉安全多了，如图 6-66 所示。

👍 这么做
先询问不太私人的信息。

👎 不能这么做
从最私人的信息开始。

输入你的详细信息

你的电子邮件地址

你的全名

你的邮政编码　　你的门牌号

你的电话号码

输入你的详细信息

你的电话号码

你的邮政编码　　你的门牌号

你的全名

你的电子邮件地址

图 6-66

6.9.5　表单要分步进行

　　长表单会吓跑访问者。通常可以将表单划分为多个步骤以增加转化。第一步一定要简单，还要限制总步骤数量，最好是三到五步，如图 6-67 所示。毕竟，十步也很吓人，如图 6-68 所示。

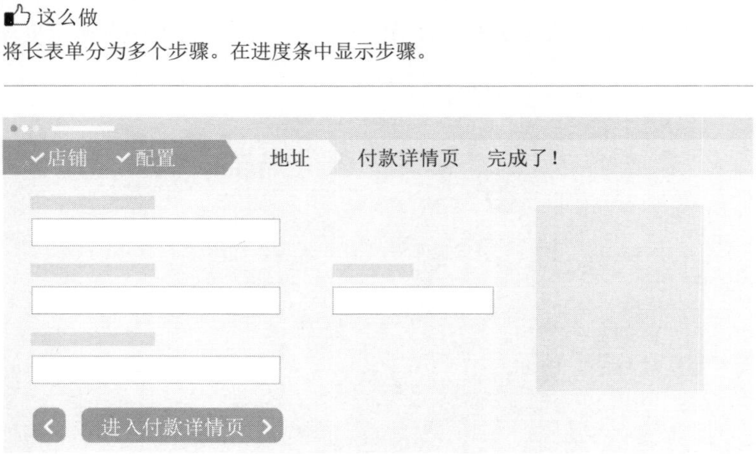

👍 这么做
将长表单分为多个步骤。在进度条中显示步骤。

✔店铺　✔配置　　地址　　付款详情页　完成了！

‹　进入付款详情页　›

图 6-67

◤ 不能这么做
很长的表单。

配置

地址

付款详情

进入付款详情页

图 6-68

6.9.6　将进度指标可视化

许多访问者喜欢知道他们在这个过程中的什么位置，一个可视化进度指示器（也称为进度条）增加了用户友好度，通常也可以提高转化率。

1. 不要从零开始

不要让访问者从零开始。当他们觉得自己已经走了一半后，他们会更有动力。因此，始终从第 2 步开始，或从一半的位置开始。在心理学上，从这种"天赋"获得的额外动力被称为"天赋进度效应"。

在图 6-69 这个进度条中，Zalando 在登录后会立即向访问者展示他们已经在路上了。

图 6-69

2. 选择一个巧妙的设计

访问者的注意力应始终集中在要求做出期望行为的提示上，这通常是输入字段，进度条是一个支持元素。所以，保持它的精巧，不要把它变成一个复杂的艺术作品。在移动屏幕上，进度条显示一行即可，请看图 6-70 这个例子。

👍 这么做
一个巧妙的进度条，让表单得到更多关注。

👎 不能这么做
一个复杂的进度条，可以转移人们对表单的注意力。

图 6-70

3. 子步骤

你的表单已经被分成了三到五个步骤，但它们还是太长了，你可以选择为一个步骤划分为子步骤。没有必要在进度条中列出它们。在下面的例子中，第二步包含了两个没有在进度条中命名的子步骤，如图 6-71 所示。

👍 这么做

使用子步骤，确保进度条不会变得太长或太复杂。

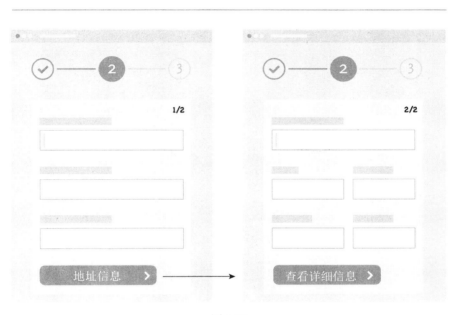

图 6-71

天赋进度：天赋进度效应

市场营销研究人员约瑟夫·努内斯（Joseph Nunes）和泽维尔·德雷泽（Xavier Drèze）研究了这样一种做法的效果，即赠予访问者一些进行中的东西，例如，让他们从第二步开始。他们在加油站做了一个实验：加完油后，顾客可以得到一张盖了印章的收集卡；一张盖有八个印章的收集卡可以换一次免费洗车机会。

研究人员设计了两种不同的收集卡：一种已经有了两个印章的十个圆形收集卡，如图 6-72 所示；另一种有八个空圆形的收集卡，如图 6-73 所示。结果如何呢？有 34% 的顾客兑换了带有免费印章的十个圆形收集卡，仅有 19% 的顾客兑换了八个空圆形的收集卡。简而言之，当人们觉得自己已经在前进的路上时，人们会感到更有动力。这被称为"天赋进度效应"。

天赋进度。

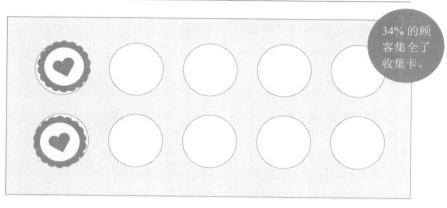

图 6-72

从一张空白卡片开始。

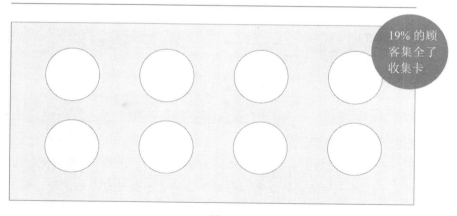

图 6-73

6.9.7　使用迷你表单，预期工作量会少很多

如果表单由五个或更少字段组成，你可以考虑将这个表单直接放置在登录页上，因为一个所有字段和按钮都可见的迷你表单感觉上很简单，很容易

完成。此外，与只看到一个没有表单的按钮相比（图 6-74），迷你表单（图 6-75）的预期工作量要低得多（详见 4.12 节）。

👎 不能这么做
首页上有一个按钮，新页面上有一个小表单。

图 6-74

👍 这么做
首页上的迷你表单。

图 6-75

迷你表单对开发潜在客户尤其有效，访问者只需留下他们的联系方式，不用购买任何东西。线上订购产品不能运用此原则，因为这需要访问者提供很多信息。此外，一个设计良好的付款流程能比迷你表单激发更多的信心，在那里访问者可以检查订购的产品，并在必要时对其进行调整。

6.9.8　配置要简单

在某些付款页，访问者必须先做出某些选择来配置产品或服务，比如设计一双运动鞋、组装一个抽屉柜，或者配置一个电子公告。在这种情况下，访问者必须先配置并填写个人详细信息之后再进行付款。设计或撰写一些内容比输入个人数据有趣和安全得多，这是一个比透露个人信息更小的承诺。

配置始终保持简单。例如，你可以使用以下三种原则（详见第 4 章中的同名章节）。

1. 选择默认选项
预填写最可能的选项。

2. 减少选项
确保访问者不会经历选择压力。如果每个步骤包含的选项不超过五个，那就是合适的。如果有更多选择，最好将它们隐藏在点击之后，如图 6-76 所示。

图 6-76

3. 提供决策帮助

解释每个步骤。将解释隐藏在点击之后，让事情井然有序，如图 6-77 所示。

👍 这么做
为需要选择的步骤提供决策帮助。

图 6-77

6.9.9　消除干扰

如果你想快速达成交易，付款页不应该包含任何干扰（详见 4.6 节）。有三种简单的方法可以做到这一点。

1. 删除竞争提示

删除任何指向其他线上环境的链接，因为它们会争夺访客的注意力。例如，不要使用付款页来推广你的资讯邮件。捆绑销售（比如一些便宜货）也会损害你的转化率。

2. 删除导航

大型购物网站取消了付款时的导航功能，因此访问者只能通过 Logo 返回主页。这是一个让不想要的行为变得更加困难的经典例子。

3. 删除不必要的内容

任何不利于付款的内容都会分散访问者对目标的注意力。所以，不要喋喋不休地谈论你的公司、你支持的慈善机构或你最近刚获得的可用性奖项。图 6-78 是一个很好的例子。

在亚马逊付款中只有一个提示——下单按钮。进度条、Logo 都不可点击。

图 6-78

6.9.10　使用订单摘要框记录访问者做出的所有选择

在付款过程中，访问者会做出选择并输入详细信息。他们越接近最终购买决定，就会越倾向系统 2。这意味着他们的思维变得更加敏锐，怀疑可能会袭来，这可能引发他们之前没有想到的问题。

例如，有关产品本身的问题：

- 这个产品能放进邮箱吗？
- 我可以按月取消此订阅吗？

可能会对之前做出的选择产生疑问：

- 我是否选对了尺寸？
- 我是否选对了开始日期？

访问者也可能会对他们刚输入的信息产生疑问：

- 我的名字写对了吗？

- 我的联系方式没错吧？

你肯定希望避免访问者离开付款页去寻找问题答案这种情况，此时，一个订单摘要框是一个很好的解决办法。它包含了到目前为止访问者所做出的所有选择。这使系统 2 有机会检查所有输入的数据。

良好的订单摘要框始终是可见的，可以在小屏幕上折叠起来，并包含指向产品信息的链接，如图 6-79 所示。但要注意，不要将访问者传送到产品详情页，要让他们始终待在付款页，创建一个可以返回付款页的弹出窗口或详细信息页。

图 6-79

6.9.11　让每个选择都可以定制

在付款时，访问者可能会突然开始对以前所做的选择产生怀疑：不同的尺寸？不同的送货地址？作为礼物订购？设计你的付款方式，让访问者可以轻松地更改这些内容，而无须从头再来。

你可以这样做，例如，在订单摘要框中的每个细节旁边放置一个更改链接。你还要确保访问者可以轻松返回一步来更改信息。确保你的网站或应用程序"记住"输入的数据，这样访问者就不需要重新输入数据了。

6.9.12　帮助访问者提前做好准备

付款是系统 2 的任务，但这并不意味着系统 1 不存在。让访问者在付款时预期他们将体验的快乐是一个很好的主意。这允许你在付款期间使用未来奖励来维持他们的激情以完成行为（详见 3.2 节）。

例如，你可以通过展示一个漂亮的产品图像来实现这一点。请注意，订单摘要框中的缩略图一般都太小了，无法真正制造"欲望"并提高多巴胺水平。

你还可以帮助访问者预测他们未来的奖励。文章要保持简短，以增加被阅读的机会。例如：

- 确认后立即奖励。

   一分钟后，你将可以访问所有的学习资源。

   机票将以电子邮件的方式发送给你。

   早上送货员会将产品送到你家门口。

- 访问者将如何从产品或服务中受益。

   这辆自行车可以免费维修。

   你一定会喜欢它的图像质量。

   读这本书会为你节省很多时间。

6.9.13　传达可逆性

解决决策不确定性的最好办法是决策的可逆性。如果你遇到了这种情况，请在确认按钮附近明确说明这一点，如图 6-80 所示。

👍 这么做

在订单按钮附近显示可逆性

我准备好预订了	下单并付款

2020 年 4 月 5 日 23:59 前可
免费取消。

30 天内免费退货。

图 6-80

6.9.14　明确下一步内容

在付款按钮文本中解释访问者下一步要去哪里，这会给他们一种可控感，减少他们的压力和不确定感，如图 6-81 所示。

👍 这么做

在付款过程中明确指出下一步。

👎 不能这么做

"继续"等按钮文本让人们不确定下一步要去哪里。

图 6-81

在本例中，"这么做"示例中的按钮文本比"不能这么做"示例中的按钮文本长得多，但是我们之前一直在讨论的是尽可能让文本更简洁。这是怎么回事呢？

本书的前面章节讨论了广告及其与系统 1 的交流方式。另一方面，在付款时，你面对的是注意力集中的访问者，也就是说，系统 2 正在全速运行。在这一点上，可预测性比简洁性更重要（如果你能在保持可预测性的同时精简文本，那就更好了）。

6.9.15　消除访问者的不确定性

在付款过程中，访问者可能会突然心存疑虑。一旦你消除了访问者的这些疑虑，就能增加转化的机会。如表 6-12 所示，你可以通过使用令人放心的文本消除访问者的不确定性。

表 6-12

访问者的不确定性	令人安心的文本
退货会很麻烦吗？	无理由退货，无须提问
必须订阅一整年吗？	可随时取消
我下半辈子都会接到骚扰电话吗？	我们只会打一次电话预约

例如，你可以将缩微副本放在订单摘要框中或"确认"按钮附近。

6.9.16　不要强制访问者注册账户

像亚马逊这样的大型网站要求访问者在订购之前先创建一个账户。尽管我们建议行为设计师研究这类大型网站的线上环境，但建议不要照搬这一特殊要求。创建一个账户似乎只是一件小事，可以给你带来好处，但从心理上来说，"注册"和"不注册"是不同的用户体验。例如，用户测试中的一个回复：

我来这里是为了买东西，不是为了维护一段长期关系。

网页设计大师贾里德·斯波尔（Jared Spool）声称，他通过将"注册"按钮改为"继续"按钮，已经增加了 3 亿美元的销售额，因此订购之前不需要再注册。其他案例也表明，提供无须注册的付款服务可以产生更多的销售额。

6.9.17　将折扣优惠码字段隐藏在点击操作之后

如果没有折扣优惠码的访问者遇到必须输入折扣优惠码字段的页面，他们可能会认为其他人能以更低的价格购买相同的产品，这就降低了产品的感知价值。此外，它还提示用户去互联网上的其他地方搜索优惠码，此时他们将离开付款页。根据福格行为模型，这意味着折扣优惠码字段在提示和动机方面都是不利因素。

当然，那些拥有折扣优惠码的幸运儿可以输入它。但是，不要让折扣优惠码字段太显眼，确保人们在输入优惠码时能使用即可（如图 6-82 所示）。你不必担心这个字段很难找到，拥有折扣优惠码的人会被激励去寻找它，他们不会介意需要额外点击。

👍 这么做

隐藏点击后的折扣优惠码。

👎 不能这么做

使用引起过多注意力的折扣优惠码字段，让人们感觉他们需要输入折扣优惠码。

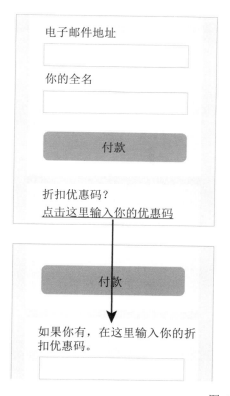

图 6-82

6.9.18　即使在付款时也要向访问者传达稀缺性

根据罗伯特·西奥迪尼的说法，稀缺性确实激励着人们做出决定。他的建议是传达稀缺性，尤其是在购买过程快结束时，以增加采取最后一步的动机。即使你已经在产品详情页上传达了稀缺性信息，也不要犹豫，在付款时再重复一次。

在付款过程中，向访问者展示有限的订购时间是一种很好的传达稀缺性的方式，让人们知道你将为他们"保留"产品的时间，如图 6-83 所示。

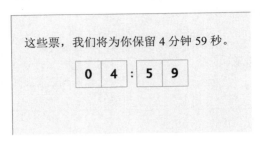

图 6-83

请注意，访问者可能会感到这种形式的稀缺性令人恼火，尤其是当其与倒计时结合使用时。仔细考虑它是否适合你的品牌。如果能成功，那就没问题。

6.9.19　告诉访问者最后一次点击后会发生什么

即使在付款的最后一步，即使访问者输入了他们所有的细节，不确定性仍然还会袭来。人们开始疑惑：当我点击"下单"按钮后会发生什么？因此，最好在"购买"按钮下面解释最后一次点击后会发生什么情况，如图 6-84 所示。

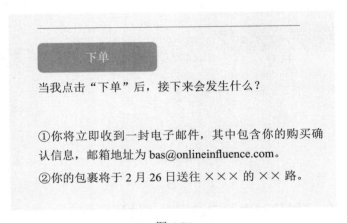

图 6-84

6.9.20　使用感谢页作为新行为的起点

感谢页或确认页是访问者在交易结束后看到的页面。如果你想提供优质服务，至少应该做到以下几点：

- 感谢你的客户。
- 解释接下来将发生什么。
- 告诉他们你在做什么，不期望他们做什么。

好的行为设计师将感谢页或确认页视为一个成功的结尾，以及一个新的开始。这是一个要求新行为的起点。毕竟，你得到了访问者的充分关注，他们的心情也很好。所以，考虑一下你希望看到的后续行为：

- 订购附加产品。
- 填写你的个人资料。
- 注册资讯邮件。
- 与朋友分享。
- 创建账户。

同时提供这些提示可能很有诱惑力，但请注意，几个相互竞争的提示还不如一个能引起注意力的提示（详见 2.3 节）。

6.9.21　鼓励访问者返回购物车

尽管你尽了最大努力应用所有的原则和策略，但大部分访问者还是会不消费一分钱就离开购物车。如果你有他们的电子邮件地址，你可以给他们发送一封"废弃购物车电子邮件"，作为返回购物车的提示。

这种类型的电子邮件有两个主要优点：它是免费的，它可以触及有动力的人。这种类型的电子邮件使访问者更容易返回付款页并做出你期望的行为，如图 6-85 所示。

扫码看彩图

图 6-85

6.10　转化研究

　　这本书是关于应用心理学知识设计线上环境的，其中介绍的所有设计原则都是基于人们都具备的心理特性，包括你的访问者。然而，如果你想设计一个完美的网店、销售漏斗或客户旅程，你还必须寻找主要且专门适用于你特定产品、服务或客户的见解。

　　例如，你网站上访问者的动机和能力如何？找到这个问题的科学研究的机会是微乎其微的。通过研究，你可以发现这个问题的答案。

　　作为用户体验的专门研究者，客户向我们邮寄了许多充满趣味信息的研究报告，他们希望这些研究报告对我们的任务有所帮助。但在大多数情况下，这些信息对我们的任务——增加转化率——并没有帮助。这些报告倾向于描述一幅线上环境质量的图像，通常包括以下问题：

- 访问者的满意度如何？
- 访问者能多容易地找到需要的信息？
- 访问者向他人推荐你的网站或应用程序的可能性有多大？

　　这种信息对行为设计师并不是很有用，"在'信息的可查找性'上得6.3分"这一事实，这并不能给你提供具体的工具来提高你的期望行为。

　　能让你从中受益的是那些与线上客户旅行所需行为直接相关的定性见解。如图 6-86 所示，可以将这些见解分为三类：

扫码看彩图

图 6-86

- 障碍——是什么阻碍了访问者按照你希望的方式行事？
- 助推器——是什么激励和刺激使访问者做出期望行为？
- 信息需求——访问者需要哪些信息才能做出期望行为？

6.10.1　定性见解（一）：障碍

如果你想知道访问者为什么没有做出期望行为，你必须亲自调查。你的最终目标是列出访问者不做期望行为的所有原因。他们为什么犹豫不决？他们为什么选择其他的供应商？他们在害怕什么？

本书中的原则是一个很好的起点，访问者通常不会表现出期望行为，因为：

- 同时有太多的选择。
- 选项相似。
- 文本太多。
- 缺乏信任（未知产品）。
- 结构不同于其他网站。

你可以使用定性研究来验证这些障碍。换句话说，检查它们是否真的阻碍了期望行为的发生。更重要的是，定性研究将帮助你发现购买你的产品或服务的额外障碍，包括你自己没有想到的障碍。表 6-13 中的例子来自我们的亲身经历。

表 6-13

期望行为	一个我们自己都没想到的障碍的例子
在网店购物	"我不希望自己的包裹被送到邻居家，但我不知道如何防止这种情况发生。"
与厨房咨询顾问预约新厨房	"恐怕这个咨询顾问是一个销售人员，而不是专家。"
预订一套带桑拿的酒店套餐	"我担心我不能穿泳衣去蒸桑拿。"

障碍可以通过询问潜在客户和现有客户开放性问题来识别，例如通过访谈和问卷调查，也可以在弹出窗口中直接询问网站访问者。

你可以向访问者询问以下问题：

- 什么原因阻止你订购这个产品？
- 什么原因导致你要离开这个页面？
- 什么原因让你决定不订购这个产品？

- 什么原因阻止你进行预约？

你可以向现有客户询问以下问题：

- 你觉得自己不购买的原因是什么？
- 你认为其他人不购买的原因是什么？

你可以向潜在客户询问以下问题（例如，通过应答机制）：

- 不这样做的理由是什么？
- 为什么不选择我们呢？

贫穷还是富有？

列出访问者不做期望行为的所有原因可能会令人沮丧，尤其是当你看到一个又一个的障碍时。最好将其视为一大笔财富，系统地消除障碍将带来巨大的利润。每一个你已经发现而你的竞争对手还没有发现的障碍，都会给你带来竞争优势。

6.10.2　定性见解（二）：助推器

你可以使用助推器来鼓励和激励访问者做出想要的行为。到底是什么让他们行动起来的呢？选择你的决定性理由是什么？在本书的前面，我们给你举了一些助推器的例子，例如：

- 展示能刺激预期的图片。
- 提供积极的反馈。
- 展示访问者能够认同的人的积极评价。
- 让取消变得免费且直接。

再次强调，利用额外的研究来发现产品或服务的特定助推器，表 6-14 是我们实践中的一些例子。

表 6-14

期望行为	一个我们永远不会想出的助推器例子
在网店购物	"我本来可以在其他地方买到产品，但我想从你们那里购买，因为你们提供了最真实的信息。"
与厨房顾问预约新厨房	"唯一一个在晚上 9 点以后还能被预约的顾问。"
预订一套带桑拿的酒店套餐	"能看到即将要入住的房间的清楚照片。"

满意的客户是助推器创意的绝佳来源。他们已经表现出了期望行为，并且很可能愿意告诉你他们做出这种行为的理由。你可以向现有客户提出的问

题的例子：

- 你为什么选择此产品？
- 这样做的决定性理由是什么？
- 你选择我们的原因是什么？

社会认同

跟踪现有客户的助推器还有另一个主要优势：你可以利用他们选择你或你的产品的理由作为网上的"客户评价"——当然，这要得到他们的许可。这给了你一个即时的、有说服力的社会认同。

6.10.3　定性见解（三）：信息需求

最后一类定性见解都是关于访问者的信息需求。在说服他们答应之前，他们需要知道什么？在本章开头，我们已经讨论了哪些信息在线上说服会发挥作用。此信息包括以下问题的答案：

- 总成本究竟是多少？
- 交付过程是什么样的？
- 当我点击"订单"按钮后会发生什么？
- 付款后如何取消？

此外，访问者需要了解关于你的产品或服务的特定信息，以帮助转化。请看表 6-15 中的三个例子。

表 6-15

期望行为	一个我们自己都没有想到的信息需求例子
在网店购物	"电源线有多长？"
与厨房顾问预约新厨房	"我如何为咨询做好准备？"
预订一套带桑拿的酒店套餐	"我能在午夜后办理入住吗？"

与障碍和助推器一样，你可以通过提出开放式问题来确定信息需求。你应该问什么样的问题，取决于你问的是谁。

你可以问受访者：

- 在答应之前，你需要知道什么？

你可以问可用性测试的参与者：

- 你寻找的第一个信息是什么？

你可以问访问者：

- 这一页上你有没有遗漏什么信息？

你可以问现有客户：

- 回顾过去，有什么事情是你希望早点知道的？
- 缺少哪些信息你可能就不会选择成为我们的客户？

分析你的搜索功能

　　如果你的网站上有搜索功能，你可以好好利用它来了解更多关于访问者的信息需求。只需仔细查看他们在搜索栏中输入的内容。当一个搜索词不断出现时，这通常意味着信息丢失或人们无法迅速找到它。

6.11　网络分析

除了定性研究外，最好查看有关线上环境使用情况的定量数据。你可以通过谷歌分析或其他网络分析软件来实现这一点。

网络分析本身就是一种职业，许多优秀的书籍都是关于它的。行为设计师的主要任务是，了解大多数访问者的退出节点以及他们到底是谁。

6.11.1　绘制每个步骤的退出率图表

如果你想让这个过程透明化，最好为客户旅程中的每一步制定出退出率和点击率。这样做将帮助你快速跟踪问题。下面是一个具体的例子，告诉你如何分析退出率可以帮助改善线上环境。

假设你的客户旅程从一封电子邮件开始，接着是登录页，然后是付款页。如果结果显示 75% 的访问者从登录页点击进入了付款页，但只有 1% 的访问者完成了转化，那么这可能有两种情况。

第一种可能是登录页很好，但付款页有一些问题。很有可能确实就是这样。可能的原因包括付款页中的转化杀手，比如吸引过多注意力的折扣优惠码字段，或者费用突然增加了。

然而，更可能的情况是访问者无法在登录页上找到有关产品或服务的某些信息。他们希望在付款时了解更多信息，如果此时没有提供这些信息，他们就会退出。所以，从本质上讲，在登录页已经出现了问题。

重要的是你要明白一点，即你不能仅依靠定量数据就得出明确的结论。所以，最好的转化专家总是喜欢使用定量和定性相结合的方法。

6.11.2　细分客户

我们的建议是对退出的访问者进行分类，例如，通过查看他们使用的设备类型（台式机、平板电脑、移动设备）以及他们进入线上环境的渠道（通过广告活动或直接进入）。

如果移动设备上的点击率远远低于台式机，那么你的移动网站可能出现了问题。如果通过一个广告活动引流的访问者的转化率远远低于另一个广告活动的，那么你可能承诺了一些在线上环境中无法实现的东西。

6.11.3　对标行业平均数据

分析数据时，还要看看你所在行业的平均数据。如果你的转化率是10%，而你所在行业的平均转化率是5%，那么你很难将转化率提高到15%。然而，如果你的转化率是1%，行业平均转化率是5%，那么在重新设计后转化率肯定会有所改善。

6.11.4　分析竞争对手

最后，不要过于关注自己的网站。相反，你应该分析竞争对手在做什么，他们是如何建立自己的网站的，不仅是为了激发灵感，也是为了了解你的预期访问者在那里能看到什么。

6.12　实验优化

这本书描述了许多设计原则，它们将帮助你说服更多的人展示你想要的线上行为。

如果你想优化一个现有的网站，你可以使用本书中的原则一步一步地实施改进。一种流行的方法是通过 A/B 测试，软件将访问者随机分为 A、B 两组。A 组使用原版本，B 组使用修改后的版本，这样你就可以验证某个原则是否适用于你的网站，如图 6-87 所示。

- 版本 A（原版本），无社会认同。
- 版本 B（实验版本），具有社会认同。

版本 A
没有社会认同的原版本。

版本 B
加入了社会认同的优化版本。

图 6-87

6.12.1　你的测试何时成功

在全世界进行的 A/B 测试中，只有 10%～20% 的测试取得了积极的成果。我们的经验是，如果运用得当，这本书中的原则和思维方式可以将"赢家"的比例提高到 40%～50%。

如果你的测试没有产生任何差异，这可能意味着你的设计调整对你的转化率没有任何影响，或者影响很小，根本无法测量。如果发生这种情况，并且你确信版本 B 比版本 A 更易于使用（或者用 B.J. 福格的话说，增加了能力），我们建议你进行更改。

如果版本 B 包含了增强动机的内容（如权威性或社会认同感），而它没有导致额外的转化，那么最好继续使用版本 A。根据我们的经验，简单总是更好的。避免在网站上出现多余的内容，为未来可能产生结果的想法创造空间。

6.12.2   只有当你有足够多的转化量时再开始

你可以在网上找到很多关于 A/B 测试的优秀指南。正确执行这类测试的一个先决条件是，你有足够多的转化量以获得具有统计意义的结果。专家表示，你需要每月 1000 次的转化才能进行可靠的 A/B 测试。换句话说，售出 1000 个产品、1000 个注册或者 1000 个你想要的转化。

如果每月的转化次数不到 1000，你仍然可以发现版本 A 和版本 B 之间的转化差异。你也可以根据本书中的原则获得成功。所以，不要让这个数字吓到你，开始一个实验吧。

6.12.3   转化率仅基于最终转化

我们经常看到，A/B 测试人员并不关注最终转化，而是关注中间步骤。例如，从登录页点击进入付款页的访问者数量。假设你测量以下各项：

- 版本 A——50% 点击进入付款页。
- 版本 B——55% 点击进入付款页。

你可能会认为版本 B 是更好的选择，你应该用版本 B 代替版本 A 来服务所有的访问者。但如果继续分析，你可能会遇到以下问题：

- 版本 A——有 10% 的付款完成率。
- 版本 B——有 9% 的付款完成率。

最后发现版本 A 稍微好一点，因为如果考虑最后的转化，数字看起来是这样的：

- 版本 A——5.00% 的转化率（50% 的 10%）。
- 版本 B——4.95% 的转化率（55% 中的 9%）。

这样的情况在实践中比较常见。在本例中，版本 B 得分较低的根本原因可能是访问者点击得太快，错过了重要信息，而这些信息在付款页看不到。
这会导致延迟，进而导致一些访问者弃单。

6.12.4　做一个假设

这本书中的原则非常适合表述一个基于科学的假设。就是说，你使用 A/B
测试来证明一个假设是否正确，这比不知道为什么某些东西会起作用的随机
测试要好得多。

下面是一个假设的例子，你可以用这本书的原则来阐述：

研究表明，潜在客户在面临选择压力时可能会弃单。预计减少页面上的
选择数量可以增加点击量，最终提高转化率。

另一个例子：

因为我们是一个不知名的品牌，获得信任很重要。预计用三份知名客户
的推荐书和 Logo 可以增加访问者对品牌的社会认同，让更多访问者转化为潜
在客户。

6.12.5　新环境

到目前为止，我们已经讨论过逐步优化现有网站的问题。但是你也可以
使用 A/B 测试来设计一些全新的东西。要做到这一点，你需要使用不同的版本，
一两周后你就会知道哪种版本最成功，这个版本就可以作为你的最终版本。

顺便说一句，我们并不建议在每次设计会议上都进行 A/B 测试。A/B 测
试非常昂贵，且非常耗时。根据本书的原则和你自己的研究，你可以在不进
行实验的情况下做出许多设计决策。

6.12.6　新网站的A/B测试

如果这个理论产生的不同想法并不能很好地与实践相融合，那么你可能
需要考虑对一个全新网站进行 A/B 测试。我们将讨论三种情况：

①设计权衡。

②不同的提示原则。

③首页上的第一印象。

1. 设计权衡

设计原则不兼容也被称为"设计权衡"。在这种情况下，根据目前的科学水平，不能预测到哪种最适合你。

最重要的权衡是在增加动力时降低能力。请看表 6-16 所示的几个例子。

表 6-16

增加转化率	减少转化率
添加增强动机的内容，如证书、倒计时和开箱时刻的图片，可以提高动机	页面变得越来越长，越来越复杂，访问者必须付出更多的脑力劳动，需要更多的时间来吸收这一切。换句话说，这会降低能力
为了获得某些东西而付出的努力（比如回答一个问答题或定制一个产品）可以增加感知价值，从而提高动机	要求访问者付出额外的努力会降低他们的能力
提供的产品种类越多，访问者就越有可能找到完美匹配他们的产品	提供的选择越多，访问者选择压力甚至选择麻痹的风险就越大
让你的产品更昂贵会增加访问者对它的感知价值和拥有它的动力	使你的产品更昂贵会降低购买它的能力

研究一下哪种权衡在起作用，然后尝试找出哪种方式能给你带来最大的利润。

2. 不同的提示原则

如果你想用一个提示吸引人们的注意力，可以使用提示原则（详见 2.6~2.9 节）。

你不能同时使用这些原则，你也不知道在目前情况下哪种原则能带来最多的访问者。在一个实验中测试不同的原则可以帮助你发现哪种原则可以让你的收益最大化。如果一个额外利益比好奇心更有效，那么额外利益就是你在推广活动中应该加入的提示原则。然后，你将通过进一步的 A/B 测试来优化获胜原则。然而，随着时间的推移，需要将你选择的原则与其他原则进行对比测试，测试这种原则是否仍然是最好的。

3. 首页上的第一印象

你只有一次机会给人留下第一印象，这主要基于你的页面顶部。空间被局限在视口（鼠标不滚动时显示网页的那部分区域），你可以在这里应用许多原则，但并非所有原则都适用于这么小的屏幕区域。所以，你必须做出选择。

A/B 测试可以帮助你做出选择。例如，你可以测试权威性（客户 Logo）

是否比社会认同感（推荐）更有效。它们都有可能激发自信，但有时你只能使用其中一种。

　　你的电梯法则是留下第一印象的另一个要素。通过实验，你可以发现功能是否比好处更有效（见表 6-17），你是否应该聚焦于规避损失，或者你是否应该传达这些好处（见表 6-18）。

表 6-17

有什么好处	有什么特点
找一个非常适合你的伴侣	唯一一款基于大五人格测试（OCEAN 模型）的约会 App

表 6-18

规避损失（负面）	好处（正面）
开会不要再迟到了	从现在起，一定要准时赴约

　　不要忘记你的主视觉，它非常适合 A/B 测试。尝试不同的说服原则，测试一幅能清楚地解释产品的图片与一幅能显示奖励或吸引潜在需求的图片（详见 6.7 节）。

6.13　行为设计路线图

　　网页设计师需要简单易记的规则，例如，按钮必须为红色并位于视口内。然而，现实要复杂得多。如果你盲目地遵循这类规则，你最终可能会偏离目标。我们希望这本书能帮助你以一种更细致的方式看待线上行为。在设计时，你要培养正确的思维方式，使用福格行为模型系统地思考提示、动机和能力。

　　如果我们从 B.J. 福格的角度来看关于红色按钮的规则，这似乎是一个不错的选择，因为这种按钮非常突出。但这肯定不是最好的解决方案。访问者所期望的微行为可能是阅读和滚动。如果是这种情况，视口中的红色按钮出现太早只会分散注意力。只有当页面的其他部分没有太多的红色时，红色按钮才会脱颖而出。

　　我们已经准备了一个行为设计路线，如表 6-19 所示，为你提供本书中理论和实践部分建议的结构化应用提供指导。如果你每一步都回答了第二列的问题，你就可以确定你正在细致入微地审视线上环境。你很可能会给你的公司带来巨大改变。

表 6-19　行为设计路线

步骤	问问自己	章节
1. 确定期望行为		
	期望行为是什么？	1.1 节
2. 调查障碍、助推器和信息需求		
	是什么阻碍了访问者按照你所希望的方式行事？怎样才能把他们争取过来？ 他们需要什么信息才会做出期望行为呢？	1.2 节
3. 如果适用，说服访问者访问你的网站或页面		
	哪种提示会吸引访问者离开他们正在做的事情？ 哪种即时战略最能实现这一目标？	2.1 节
	a. 你的设计能引起好奇心吗？	2.6 节
	b. 你能用最多五个字说出文本介绍特别的优势吗？	2.7 节
	c. 你能问一个简单问题吗？	2.8 节

续表

步骤	问问自己	章节
	d. 你能把这种行为定义为一项未完成的任务吗？	2.9 节
4. 设计第一个婴儿步骤		
	你可以要求什么样的小承诺来开始客户旅程？	3.6 节
	第一个行为提示是什么？	2.1 节
	哪种软性行动要求符合这一点？	3.6 节
5. 描述做出期望行为的所有婴儿步骤		
	你能把行为分成几个小步骤吗？ 这些小步骤是什么？哪些提示触发了这些微行为？	2.1 节
6. 放大所有提示		
如果可能，删除竞争提示	有没有竞争性提示？ 你可以删除这些相互竞争的提示吗？ 你的提示如何才能最大限度地吸引注意力？	2.3 节
最大限度地吸引注意力	你能给提示添加移动效果吗？ 你能让提示在颜色或形状上区别于它所处的环境吗？ 你能用带强烈感情色彩的东西进行表达吗？ 你能用人或动物进行表达吗？	2.2 节
确保使功能可见性足够好	访问者是否清楚他们可以点击的位置？是否清楚他们可以滚动页面？	2.4 节
使用软性行动要求	你能用一种看起来像一个小承诺的方式来写按钮文本吗？	3.6 节
直接说出你的期望行为	你能用祈使句来表达提示吗？	2.5 节
如有必要，为后续提示生成额外的阻滞力	你能应用提示原则（见步骤 3）吗？	
7. 分析动机		
亲自走一遍客户旅程，并决定你需要在哪里提高他们的动机（即在行为困难的地方）	访问者是否清楚这样做的好处是什么？ 如果好处不明确，你是否充分、清晰、简洁地传达了这一好处？ 访问者在每一步的积极性如何？ 哪些步骤是困难的，不能简化的？你能在这里增加动机吗？	3.1 节

步骤	问问自己	章节
8. 运用激励原则		
帮助访问者进行预测	你能描述一下访问者在未来可能因期望行为而经历的幸福时刻吗？ 你能真实地将这些"奖励"视觉化以增加访问者的预期吗？	3.2 节
满足基本需求	访问者的动机基于人类的哪些基本需求？ 你能想出符合这些需求的图片吗？	3.3 节
展示社会认同，尤其是在开始时，以获得信心	你如何证明访问者的同类人也有这种行为？ 你如何使你的社会认同更可信？	3.4 节
展示你的权威，这对获得信任也很重要	你如何证明你的权威性？ 你能出示营业执照吗？ 你参考过你写过的博客或书籍吗？你能证明你的产品符合什么质量标准吗？ 你能展示你有多少年的工作经验吗？ 你能利用借来的权威性吗？ 你能展示知名客户吗？ 你能展示你的办公大楼吗？ 你是否收到过权威人士的正面评价？	3.5 节
要求一个小承诺	你能把大而难的步骤分成几个小的步骤吗？ 你能让访问者注意到以前的行为，以便他们想与之前保持一致吗？ 是不是步骤太多令人望而生畏？	3.6 节
沟通稀缺性	你如何利用库存稀缺性？你如何利用时间稀缺性？ 如果访问者等待更长时间，会出现什么问题？ 你能创造稀缺性吗？	3.7 节
营造积极的情绪	在每一步之后，你能给出什么积极的反馈？	3.8 节
强调潜在损失	如果访问者不在你这买东西，他们会失去什么？你如何传达这种损失？	3.9 节
增加感知价值	你能让访问者做出一点小小的努力来增加他们的感知价值吗？ 你能说明你在产品或服务上投入了多少精力吗？	3.10 节
给出一个理由	你能想出访问者做出期望行为的理由吗？	3.11 节
9. 尽可能地简化期望行为		

步骤	问问自己	章节
查看期望行为并分析如何简化它	你能减少脑力劳动吗？ 你能减少体力劳动吗？ 你能降低价格，将其分成小额支付或让购买感觉更便宜吗？ 你能节省访问者的时间吗？ 你能让这些行为看起来像访问者已经习惯了的行为吗？ 这种行为能减少社交上的不适吗？	4.1 节
10. 运用原则：尽可能减少脑力劳动		
尽量少用文字	你能用更少的字数传达内容而不失去其意义或说服力吗？	4.5 节
删除分散注意力的内容，避免或消除不必要的干扰	是否有东西会分散人们期望行为的注意力？你能消除它吗？	4.6 节
填写尽可能多的数据	你可以提前为访问者填写哪些信息？ 你可以为哪些字段填写建议？	4.4 节
提供清晰的页面结构	层次、节奏、栏和并列的原则是有序的吗？	4.9 节
不要要求访问者进行不必要的思考或计算	你能避免不必要的行话、思考和计算吗？	4.10 节
每一步都需给出明确的反馈	访问者是否清楚某项行动会产生什么影响吗？ 你能积极而感激地表达负面反馈吗？	4.7 节
确保步骤是可逆的	访问者能撤销选择和决定吗？你是否提前明确传达了这种可逆性？	4.8 节
使用访问者熟悉的设计模式	你是否在所有地方都使用访问者习惯的设计模式？	4.11 节
尽量减少预期工作量	你能减少预期的工作量吗？	4.12 节
	如果可以，你如何让访问者认为预期的工作量很"小"？	
使不合需要的行为更加困难	你想阻止什么行为？ 如何使这种行为更加困难？	4.13 节
11. 让选择更容易		
分析要求访问者做出选择的所有步骤	访问者需要从哪些选项中选择？	

步骤	问问自己	章节
减少选项数量	你能把选项全部省去吗？ 你能显示一些选项，并将其余的选项隐藏在点击操作之后吗？ 你能让访问者先选择类别吗？	4.2 节
为困难的选择设计一个决策辅助工具	你可以为不同的选择提供哪些信息？ 你能设计一个快速过滤器吗？ 你能否设计一个根据问题提供建议的向导吗？	4.3 节
设置默认选项	访问者最可能的选择是什么？ 换句话说，你希望访问者选择什么选项？是否将此选项作为默认选项？	4.4 节
12. 引导访问者作选择		
分析客户旅程中你想引导选择的步骤	你想影响哪些选择？ 哪些选择对你和访问者最有利？ 你引导他们做出的选择是合乎道德的吗？	
13. 查看哪些原则可以影响访问者的选择		
当只有一个选项时，添加辅助选项	除了期望选项外，你还可以提供第二个选项吗？ 如何确保第二个选项比第一个选项得到更少的视觉强调？	5.2 节
使用对比 / 锚定	你能通过在之前或附近使用对比价值感知来确保你的价值感知感觉更高或更低吗？	5.3 节
将期望选项放在选择组合的中间	期望选项是否在选项组合的两端？ 是否可以添加极端选项，将期望选项移动到中间？	5.4 节
使用诱饵	你能在选择组合中加入一个"丑哥哥"来让"帅弟弟"看起来更吸引人吗？	5.5 节
给期望选择一个助力	你能在你想要的一个或两个选项上给访问者一个小助力吗？	5.6 节

免责声明

这本书没有涵盖所有能提高提示、动机和能力的原则。我们选择了其中的一部分原则，这些原则在实践中产生了许多成功的案例。我们没有列入已被证明无关紧要的原则，即使你在许多其他地方遇到过这些原则。

最后

我们希望这本书能帮助你以科学、系统的方式看待人类行为。首先，将行为视为提示、动机和能力的组合，始终思考如何通过设计和内容系统地影响它。然后进行持续的实验，看看什么最适合线上环境和目标受众。也就是说，不要随意尝试或模仿他人的做法，而是选择依据心理学巧妙的行为设计。

如果你有任何问题或反馈，请访问 onlineinfluence.com 获取更多内容、方便的 canvas、线上培训信息以及我们的联系方式。如果你有一些应用影响力原则的好例子，请发送到 example@onlineinfluence.com。

我们期待你的来信，你会得到一个私人回复。

祝你好运，尤其在提升线上成绩方面。再见！

巴斯·沃特斯

乔里斯·格罗恩

6.14　不同应用程序的检查表

为了让你的生活更轻松，我们将第 6 章中的提示整理成了清单。我们已经讨论了你在本书中遇到的每一个技术术语。我们建议你先阅读本书，从中获得最大的收获。

我们讨论了以下内容：

- 一般线上广告
- 横幅广告
- 社交媒体广告
- 电子邮件广告
- 登录页
- 产品详情页
- 付款页

6.14.1　一般线上广告检查表

☐ 成本模型了解清楚了吗？

☐ 你是否在使用符合成本模型的提示原则？

　　☐ 如果你按次付费（CPM）：好奇心原则。

　　☐ 如果你按次付费（CPM）：简单问题原则。

　　☐ 对于每种成本模式（CPM、CPC、CPA）：额外利益原则。

☐ 你能用更少的字数表达内容而不失去其意义或说服力吗？

☐ 系统 1 能理解这个文本吗？

☐ 是否有一个明确的行动要求？

☐ 单击或滑动这些功能是否有足够的可视性？

6.14.2　展示型广告检查表

☐ 你的横幅广告吸引了足够的注意力了吗？

□ 你在横幅广告上使用运动效果了吗？

  □ 如果是，你是用一个开始或微小的动作来获得最大的注意力吗？

□ 单击或滑动这些功能是否有足够的可视性？

□ 你是否通过以下提示原则之一来创建阻滞力？

  好奇心：

  □ 如果按点击付费，你是否筛选了合适的受众？

  简单问题：

  □ 如果按点击付费，你是否筛选了合适的受众？

  特殊利益：

  □ 如果为每次点击付费，你是否在使用硬性行动要求？

  □ 如果按浏览次数或转化次数付费，你是否在使用软性行动要求？

  □ 你是否正在尝试不同的行动要求用语，以寻找产生最大收益的方法？

□ 你是否在使用支持所选提示原则的图片？

□ 如果使用视频，是否包含小故事？

□ 能用更少的字数来完成吗？

□ 你是否在用过于复杂的词汇？

□ 登录页是否与广告完全匹配？

6.14.3　社交媒体广告检查表

□ 你是否可以通过以下某种提示原则来创建阻滞力？

  好奇心

  □ 如果按点击付费，你吸引的是否是目标受众？

  □ 有没有可能不显示价格，以增加好奇心？

  简单问题

  □ 如果按点击付费，你吸引的是否是目标受众？

  额外利益

  □ 你是否展示了一个非常低的价格或一个非常高的折扣？

□ 如果按点击付费，你是否在使用硬性行动要求？

□ 你的广告图片中是否包含太多的文字？

□ 你的广告是不是太像广告了？

□ 你的广告是否符合目标受众的兴趣？

□ 你的广告中有没有有说服力的文字？

□ 如果你使用引导广告，你是否在此处向访问者索要了尽可能少的个人信息？

6.14.4　电子邮件广告检查表

主题行

□ 你是否在主题中使用了以下提示原则？

　□ 好奇心原则。

　□ 额外利益原则。

　□ 未完成的旅程原则。

□ 你是否在运用技巧使你的主题在视觉上脱颖而出？

□ 你能把收件人的名字写进主题行吗？

□ 你是否在主题行使用了吸引注意力的词语，例如情绪化的词语或怪异的词语？

□ 你能在不丧失说服力的情况下用更少的字数完成吗？

□ 你能用更短的文字表达吗？

□ 你是否在发件人一栏中使用某人的姓名？

你电子邮件的内容

□ 你是否选择以下两种形式之一？

　□ 一条带有明确行动要求的消息。

　□ 多个主题的清单和每个主题都有明确的行动要求。

□ 如果你有一个多主题的清单，这个清单是否有一个有说服力的标题，以鼓励人们浏览这个清单？

□ 该清单是否有一种视觉节奏，可以很容易地识别一个部分何时结束，下一个部分何时开始？

□ 你是否对每条消息都使用提示原则？

　□ 好奇心原则。

　□ 额外利益原则。

　□ 简单问题原则。

　□ 未完成的旅程原则。

□ 文字可以再短一点吗？

☐ 你是否在使用软性行动要求？

☐ 你是否正在使用支持提示原则的视觉资料？

6.14.5　首页检查表

☐ 是软着陆吗？

☐ 有明确的电梯法则吗？

　☐ 对于一个已知的产品，你描述的是与众不同的性能特点吗？

　☐ 对于新产品或未知产品，你是否清楚地解释了它的作用？

　☐ 不了解产品的人能在五秒钟内理解你的意思吗？

☐ 在首页上，你可以列出三个最相关的优点或理由吗？

☐ 你能通过使用社会认同来增加访问者的信心吗？

☐ 如果你的品牌知名度不高，你是否可以通过使用外部权威来增加访问
者的信心？

☐ 你能用简洁的视觉设计让你的品牌看起来更权威吗？

☐ 你的页面是否只由一列组成？

☐ 页面是否有一种视觉节奏，可以清楚地表明一个内容块在哪里结束，
一个新内容块在哪里开始？

☐ 访问者是否清楚他们可以继续滚动？

☐ 每个内容块的标题是否可以通过应用提示原则来吸引更多阅读？

☐ 页面是否可以在不牺牲说服力的情况下缩短文本？

☐ 详细信息是否可以隐藏在点击之后？

☐ 在阅读了详细信息后，是否可以通过点击返回到刚刚停留的地方？

☐ 是否有明确的行动要求？

☐ 行动要求是否在正确的时间出现？

☐ 行动要求是否具有黏性悬停效果，方便访问者随时点击？

　☐ 如果行动要求没有黏性悬停效果，且页面长度超过三个区块，你是否重
复了你的行动要求？

☐ 行动要求的文案是否足够温和？

☐ 你能给行动要求增加一个优势吗，比如"打折销售"？

☐ 你确定按钮的文本没有很长吗？

□ 你是否能通过图片和文字为访问者描绘未来的奖励以激发预期的热情？

□ 你是否可以通过展示产品长期影响的图片和文案来满足基本需求？

□ 你是否可以使用视觉效果来解释产品或服务的工作原理？

□ 如果你使用视频，是否事前明确了视频内容和视频时长？是否开门见山解决问题？换句话说，确保你的视频足够直接，足够简短。

□ 无论是 PC 端和移动端，对于上述问题你能否给予肯定答案？

6.14.6　产品详情页检查表

□ 你的产品详情页是否符合登录页要求？（详见登录页清单。）

□ 你能否在购买过程中回答有关的问题？

　　□ 交付产品时间或使用服务时间的表述是否足够清楚？

　　□ 产品或服务的交付过程的表述是否足够清楚？

　　□ 交付产品或使用服务前对访问者的行动要求是否足够清楚？

□ 最终价格的表述是否足够清楚？

□ 可能的额外成本表述得是否足够清楚？

□ 访问者的付款流程及付款时间表述得是否足够清楚？

□ 如果你的品牌知名度不高，登录页是否包含了公司的联系信息？

　　□ 你们是一家什么样的公司表述清楚了吗？

　　□ 公司的宗旨表述清楚了吗？

　　□ 公司服务的客户表述清楚了吗？

　　□ 公司的创建时间表述清楚了吗？

□ 你是否还回答了访问者可能提出的其他问题？

□ 你研究过这些可能的问题是什么吗？

□ 你是否能用聊天机器人或人工客服来及时回答这些问题？

□ 你的页面是否包含评论或推荐？

□ 你的页面是否包含评论或推荐的摘要，以及进入所有评论或推荐页面的链接？

□ 你的页面是否包含产品照片？

　　□ 访问者能看到详细信息吗？

　　□ 是否有使用该产品的人的照片？

□ 照片上的人是否与你的目标受众相匹配？

□ 你是否在使用啦啦队效应来提高产品的感知价值？

□ 是否有可能在价格中包含快递成本，而不会让你的产品看起来比竞争对手的产品更贵？

□ 显示价格的字号是否尽可能的小？

□ 你是否使用原价……现价……作为锚定？

□ 你是否增加了免费附加服务的感知价值？

□ 你确定你的产品详情页与经常访问的大型网店没有太大区别吗？

□ 这些信息是否都在产品详情页上，以便访问者浏览？

□ 如果可以的话，你是否传达了产品的稀缺性？

□ 你是否传达了临时折扣的最后期限？

□ 你是否传达了最早的交货期限？

□ 你是否在行动要求附近传达了稀缺性？

□ 你是否在用一种软性行动要求？（例如，添加到购物车。）

□ 如果有一个临时促销，你是否在使用硬性行动要求？（例如，立即订购。）

□ 你是否在主要行动要求附近使用了辅助行动要求？（例如，添加到愿望清单。）

□ 你是否为希望快速付款的人提供了快捷通道？

□ 无论是 PC 端和移动端，对于上述问题你能否给予肯定答案？

6.14.7 付款页检查表

□ 是否已删除指向其他页面的所有链接？

□ 是否可以在没有强制注册的情况下完成付款？

□ 是否将长表单分为了三个（最多五个）步骤？

□ 当访问者到付款环节时，第一步或前两步是否已完成？换言之，你是否可以让进度条自动显示已完成的步骤，来增加访问者的付款动力？

□ 你确定进度条对于移动端来说不是太复杂吗？

□ 你是否首先要求提供简单且较少的个人信息？

□ 你确定你只询问了达成交易所需的信息吗？

□ 你能否将数据查询移动到交易结束后吗？

□ 你是否尽可能多地使用了预填充？

☐ 你是否已为要求访问者做的每个选择都设置了默认选项？

☐ 你是否为困难的选择提供决策帮助？

☐ 你有没有在点击后隐藏不太匹配的选择？

☐ 是否可以在不离开付款页的情况下查看和调整访问者所做的所有选择？

☐ 按钮文本是否清楚地表明了下一步要做什么？

☐ 在每一步之后，你是否使用赞美和鼓励来激励访问者？

☐ 如果有，折扣优惠码字段是否隐藏在了点击后面？

☐ 你是否通过展示可以让访问者预测到精彩时刻的图片来帮助访问者预测未来的奖励？

☐ 你是否提前解释了确认或订购后的情况？

☐ 你是否传达了可逆性？

☐ 你是否通过在确认按钮附近放置各种信息的微缩版本来消除不确定性？

☐ 你是否使用倒计时来增加时间压力以获得暂时利益？你有没有测试过这是否会适得其反？

☐ 你确定你的付款页不包含任何能分散注意力的内容吗？

☐ 你在收集线索时是否使用迷你表单？

☐ 你是否使用感谢页面作为新期望行为的开始？

☐ 你是否发送了电子邮件鼓励访问者返回付款页？

☐ 无论是 PC 端和移动端，对于上述问题你能否给予肯定答案？

致谢

我们要感谢每一位为应用心理学领域做出贡献的人，要特别感谢以下的同行英雄们，能站在你们的肩膀上写这本书是一种荣幸。

罗伯特·西奥迪尼

格雷戈里·内德特

B. J. 福格

丹尼尔·卡尼曼

丹·艾瑞利

唐纳德·诺曼

雅各布·尼尔森

此外，以下人员的支持和参与让我们受益匪浅，非常感谢你们！

娜塔莉·鲍尔·吉林克（Natalie Bowler-Geerinck）

深入研究主题，并将本书从荷兰语翻译成英语。

贾普·杨森·斯坦伯格（Jaap Janssen Steenberg）和斯蒂金·克林（Stijn Kling）

感谢你们的建议、专业精神和无私奉献。

威克·奥斯特霍克（Wieke Oosthoek）和埃尔克·维古森（Elke Vergoossen）

感谢你们的建议、想法和亲切的指导。

奥拉夫·伊格兹（Olaf Igesz）

感谢你对本书的无条件的支持和信任。

维克多·范龙（Victor van Loon）

感谢你一直支持我。

马蒂（Marthe）

感谢你的支持和反馈。

本杰明（Benjamin）

感谢你对爸爸的耐心支持。

阅读建议

如果你想深入研究说服心理学，我们推荐以下书籍。

罗伯特·西奥迪尼

《影响力》

罗伯特·西奥迪尼

《说服力》

B.J. 福格

《福格行为模型》

丹尼尔·卡尼曼

《快思慢想》

丹·艾瑞里

《怪诞行为学：可预测的非理性》

唐纳德·诺曼

《设计心理学》

所有的在线资源，请访问 onlineinfluence.com。

本书参考文献可扫码查看：